NATIONAL GEOGRAPHIC ·美 国 国 家 地 理·

生命之色

意大利白星出版公司 / 著　文铮　刘凯琳　谭钰薇　周佳玲　袁茵 / 译　陈瑜 / 审

电子工业出版社
Publishing House of Electronics Industry
北京·BEIJING

欺骗和伪装的艺术

概述	13	贝茨拟态和缪勒拟态	55
保护色	21	致命的色彩	57
固定保护色	23	贝茨拟态	65
色彩与图案	37	缪勒拟态	73
多变的保护色	47		

伪装和欺骗 81
- 动物的谎言 83
- 专业骗子 89
- 假死求生 97

求爱仪式

概述　　　　　　　　　　　105	求爱艺术　　　　　　　　　147
爱的开场白　　　　　　　　117	冰冷的爱人　　　　　　　149
无法抗拒的魅力　　　　　119	翎羽之爱　　　　　　　　155
鱼界唐璜　　　　　　　　125	
身披羽毛的求爱者　　　　135	

107

112

122

125

141

古怪的爱人   173

   小动物，大力气   175
   奇怪但千真万确   185

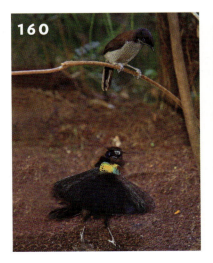

旅途中的动物：大迁徙

概述	197	飞向目的地	231
陆路迁徙	205	卓越的迁徙者	233
草原上的游牧民族	207	昆虫的迁徙	249
冷血动物的迁徙	221		

水路迁徙	257
无脊椎动物迁徙	259
鱼类的迁徙	269
脊椎动物的迁徙	279

团结就是力量：共生

概述	289
彼此互利的互惠共生	299
用食物换取清洁	301
用房屋换取食物	309
动物与植物之间	315
单方获益的寄生	323
陆地上的寄生虫	325
长翅膀的寄生虫	335
生活在水中的寄生物	343

295

300

306

314

320

非自愿帮助下的偏惠共生　351

　　以残羹剩饭为食　353
　　携运共生　363
　　寄栖共生与后继共生　371

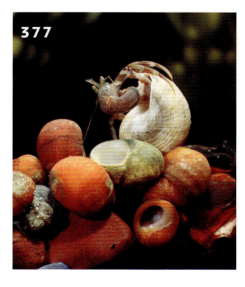

1 / 欺骗和伪装的艺术

概述

自然界的
伪装大师

　　自然界中存在着许多色彩。它们千变万化，不可思议，就连画家和博物学家也为之赞叹不已。不过，艺术家们局限于以欣赏的目光来看待这些美丽的色彩，科学家们却试图突破限制，找到它们存在的原因以及承载的功能。在过去的几百年中，达尔文、贝茨、华莱士、缪勒等伟大的博物学家为自然界中的色彩找到了答案——拟态。

　　拟态是最有趣、最奇妙的自然现象之一，它包含了许多令人惊奇的一面。人们常简单地以为，拟态就是动物隐入自然环境，以免被捕食者发现。然而，这仅仅是拟态的一个侧面，真正的拟态现象，远比人们想象的更加广泛。

　　"拟态"（mimetismo）一词来源于希腊语，意为"模仿"。这个术语囊括了某一物种为获得某种优势而模仿其他事物的所有现象，可能是一种进攻性策略，也可以是一种防御性策略。做出拟态行为的动植物被称为"拟者"，它们通过模仿另一种生物或自然环境的气味、声音等特点，传递出具有欺骗性的信息。信息通过视觉、听觉或嗅觉传播，试图改变信息接收者的行为。在多数情况下，信息接收者在刺激下做出的反应都有利于拟者的生存。

　　保护色就是一种拟态行为。拟者借助保护色表现出与自然界里的其他事物相似的形状、颜色或行动方式。它们模仿的可能是生物，也可能是非生物，无论被拟者是什么，拟者目的始终如一：利用保护色与周围环境融为一体，使捕食者或猎物难以发现自己。

　　而警戒色则正相反。采用警戒色的拟者并不以藏匿为目的，它们选择借助特殊的形状、艳丽的色彩等各种方式，让自己变得更加醒目。例如，缪勒拟态就是指动物以警戒色发出信号，表明自己的危险性；而贝茨拟态中，拟者运用警戒色只是为了恐吓别的生物，让捕食者以为自己很危险而已。

　　动物的模仿行为有时并不涉及视觉，而是仅针对听觉、嗅觉等其他感官。嗅觉拟态模仿的是某种气味，而听觉拟态则模仿某种声音。这两种策略仍以吸引猎物或抵御捕食者为目的。

　　当然，任何一种拟态都离不开两个最基本的技能——伪装和欺骗。本章中讲述的许多动植物，它们的模仿才能令人惊诧。在阅读的过程中，你会发现这些生物才是真正的"伪装高手"，它们远比人类更加精明。

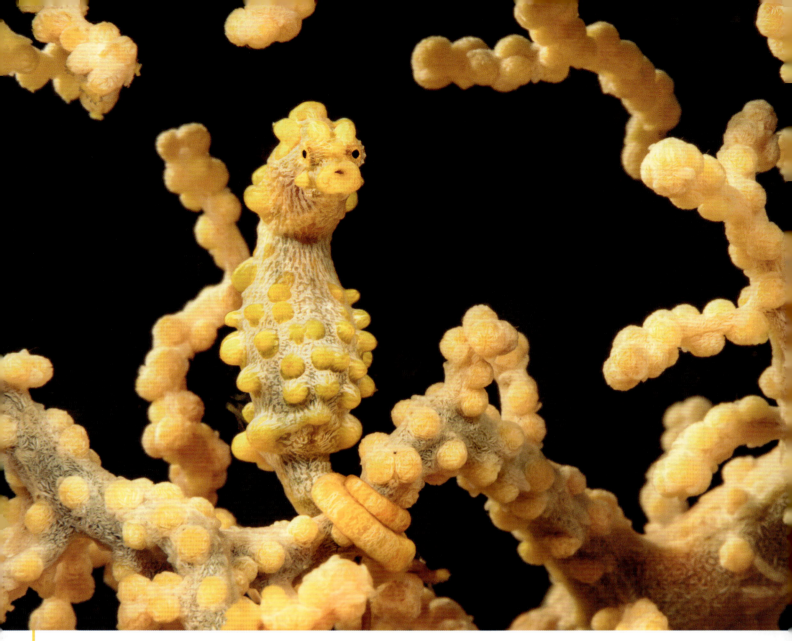

- 第10~11页图：一只纵纹腹小鸮（Athene noctua）通过伪装躲藏在岩石间。
- 第12页图：这只动物看起来像一条蛇，实际上是一只枯叶角蛾（Oxytenis modestia）幼虫，模仿蛇的外形可以吓退不少捕食者。
- 上图：一只仅2厘米长的巴氏豆丁海马（Hippocampus bargibanti）隐藏在珊瑚中。

共同进化

不同物种的个体可以通过颜色、图案、声音、气味和姿态等各种信息进行交流，这些信息正是拟态的基础。奥地利著名生态学家、动物学家康拉德·劳伦兹提出，在拟态中，生物信号的目的正是诱使其他动物做出适当的反应。当然，拟态策略要想成功，得有一个大前提，即策略针对的目标动物能够清楚地接收到此类信号。举个例子，如果信息的目标接收者根本无法辨识红色，那么以红色作为标示危险的信号就毫无意义。拟态现象意味着生物中的拟者、被拟者和信号接收者的进化史都始终紧密地交织在一起。

生物在演化的过程中，物竞天择是各类动植物学会拟态的第一推动力。拟态策略以生存为终极目标，通过提高个体存活率来保证

上图中的巨型蚱蜢叫孤雌亚螽（*Saga pedo*），尽管它身长12厘米，也能通过伪装轻易地藏身在植物之中。

物种的延续；拟态也是生物适应环境的出色尝试，是猎物与捕食者之间不断斗争的结果。在漫长的进化史中，动物们长出了锋利的牙齿、尖锐的爪子、甲壳、角和刺等各种攻防武器，也学会了模仿等攻防技能。生物间的互动本身就是自然选择的过程，模仿的策略正是在这个过程中不断演变、不断完善的。拟态就是一个多生物群共同进化的范例：具有生态相关性的几个物种相互作用，影响彼此对环境的适应行为。

拟态帮助动植物达到猎食或不被猎食的目的，维护了自然世界的平衡。

经典案例桦尺蛾

前文提到，拟态是自然选择下生物发展出的一种适应性行为。接下来，我们将借助桦尺蛾（*Biston betularia*）的相关研究来阐明拟态与自然选择之间的关系。桦尺蛾是英格兰一种常见的飞蛾，关于桦尺蛾的研究是生物学界最著名、最详尽的研究案例之一。生物学家们通过实时观察，记录下了这个拟者为应对自然选择而在短短几十年中适

■ 左图：一只桦尺蛾幼虫通过伪装藏在苹果树的枝叶中。
■ 上图：灰色的典型桦尺蛾与浅色的白桦树皮完美适配。
■ 第18~19页图：一群年轻的加拿大盘羊（Ovis canadensis）在黄石公园的岩石之间，与石头浑然一体。

应不同环境条件的过程。

19世纪中期以前，最常见、最典型的桦尺蛾还是浅灰色桦尺蛾。桦尺蛾白天栖息在桦树皮或覆盖树皮的地衣上，浅灰色有利于它们与周围的环境融为一体，避免被食虫鸟类发现。然而，研究鳞翅目（蝴蝶和飞蛾所属的昆虫目）昆虫的英国学者注意到，在曼彻斯特的工业化地区，常见的却是更为稀有的颜色更深的桦尺蛾突变体"炭黑桦尺蛾"。原来，因为工业区大量使用煤炭作为燃料，造成了严重的空气污染，烟尘排放使得房屋和树干表面变黑，地衣也因无法在工业排放物中存活而大量死亡。环境变化之后，浅色的桦尺蛾变得显眼，易被鸟类捕食；而深色的桦尺蛾则更具伪装性，因而数量开始增多。大约一个世纪后，西风将工业粉尘带到了英格兰东部，"炭黑桦尺蛾"随之成为整个英格兰东部分布最广泛的桦尺蛾品种。

1962年，英国推出了新的反污染法，并开始严厉打击煤尘散播，树皮变黑的现象随之大为好转。如今，浅色的桦尺蛾已经重新成为英国的主要桦尺蛾种类，而深色的桦尺蛾则仍是最稀有的变种。由于食虫鸟类的选择总是对颜色与周遭环境相似的个体更加有利，炭黑桦尺蛾在环境污染严重的那一段特定时期内短暂地成为主流品种。

可惜，并非所有生物都有能力如此迅速地适应环境变化。森林砍伐、全球变暖和人类活动正改变着地球的气候和环境，由于这些变化过于突然，许多与栖息地关系密切的物种都受到了严峻的生存考验。

保护色

"保护色"一词的词源来自希腊语kryptos，意为"隐藏的"。这是最常见，也是最为人熟知的视觉欺骗手段，拟者试图模仿栖息地周遭的事物，与环境融为一体：它们或是具备与环境背景相似的色彩，即"同色"；或是拥有与环境中的无生命体相似的外观，即"同态"。当然，一些动物也可能同时具备这两种特征。

保护色是一种基本生存策略，保证了动物的隐蔽性。它对猎物来说是一种适应性优势，对捕食者而言也同样如此——隐蔽不但能大大减少猎物被攻击的概率（防御型保护色），也能让捕食者不被注意，有机会悄悄接近自己的猎物（进攻型保护色）。不过，这两种类型的保护色并不是完全分开的，同一个动物的保护色很有可能同时具备防御和进攻两种功能。例如薄翅螳（*Mantis religiosa*），作为一位优秀的猎手，它常常潜伏在植被中，静待猎物，绿色的外表不仅能帮助它捕食，同时也能保护它免受天敌的攻击。

■ 左图：一只雌性薄翅螳在山楂树上。

固定保护色

在各式各样的保护色中，最常见的是固定保护色。一些动物天生拥有某些固定的颜色和形状，这些外观特征使得它们很难被其他动物发现。

竹节虫

竹节虫目（Phasmatodea）的成员通俗泛称竹节虫，保护色是它们抵御捕食者的王牌。这些昆虫能以惊人的精确度模仿树枝和树叶，不仅颜色相似，甚至连形状也能以假乱真。例如巨叶䗛（*Phyllium giganteum*），它们的身体宽大而扁平，身上的凸起部分与叶脉极其相似。因为竹节虫常常隐藏在自然环境中，现身的时候出其不意，它们也被称为"幽灵虫"。竹节虫的学名就来源于希腊语中Phàsma一词，意为"鬼魂""幽灵"。

大部分竹节虫是绿色或棕色的小虫子，有的呈棒状，有的呈叶状，有些种类有翅膀，有些则有瘤或带刺。不同种类的竹节虫大小各异，最小的竹节虫叫作克里斯蒂娜矮䗛（*Timema cristinae*），身长只有约1.5厘米，是来自北美的棒状竹节虫；而最大的竹节虫则是陈氏足刺䗛（*Phobaeticus chani*），生活在婆罗洲，体长在30厘米以上，

- 第22～23页图：拟态树叶的叶状竹节虫巨叶䗛（*Phyllium giganteum*）令人拍案叫绝。
- 上图：身体极其细长的棒状竹节虫克氏足刺䗛（*Phobaeticus kirbyi*）模仿食虫鸟类不喜食用的树枝。
- 右图：一只棒状竹节虫——罗氏棒䗛（*Bacillus rossius*）正趴在榆叶黑莓（*Rubus ulmifolius*）的树枝上。榆叶黑莓属于悬钩子属，是地中海竹节虫的寄主植物。昆虫在寄主植物上产卵，孵化出的幼虫以树叶为主要食物来源。

是典型的棒状竹节虫。竹节虫主要分布在热带和亚热带地区，也有部分种类生活在温带地区，例如罗氏棒䗛（*Bacillus rossius*），这种竹节虫生活在欧洲，体长6～10厘米，属于中型棒状竹节虫。"幽灵虫"拥有令人无法拒绝的魅力，它们白天一动不动，全靠伪装保护自己；晚上则开始慢悠悠地活动，寻找可食用的寄主植物。竹节虫的活动方式也极其有趣，它们运动时以缓慢摆动为主，在植物间荡来荡去，像极了被风吹动的枝叶——这样的移动方式能尽可能地保护它们不被天敌发现。

尽管拥有保护色，竹节虫依然是食虫鸟类等各种动物的捕食对象。在极端危险的情况下，它们会主动截掉自己的一部分肢体，用以转移捕食者的注意力。随后，被截掉的部分肢体可以在蜕皮的过程中重新生长出来。

保护色的起源似乎可以追溯到白垩纪时期。研究人员在中国东北部发现了距今1.26亿年的昆虫化石，这种昆虫的名字很长，叫作黑纹白垩竹节棒䗛（*Cretophasmomima melanogramma*）。它的前翅和后翅上长着平行的深色线条，当它静止不动时，翅膀向后折叠，将整个腹部遮蔽起来，看起来就像四周最常见的植物树叶。黑纹白垩竹节棒䗛模仿的植物叫作奇异膜质叶（*Membranifolia admirabilis*），属于银杏门，是我们今天所见到的银杏树的近缘种。这一发现表明，昆虫对树叶的模仿先于对树枝或植物其他部分的模仿，在之后的岁月中，随着小型哺乳动物和食虫鸟类的多样化，自然界中才产生了各种更为复杂的伪装技术。现存的竹节虫至少有3000种以上，这足以证明防御型保护色是一种成功的生存策略！

蝴蝶

会模仿植物的昆虫可不止竹节虫一种,许多鳞翅目昆虫在成虫阶段都能够模仿树叶。最著名的例子就是枯叶蛱蝶(Kallima inachus),在亚洲热带雨林、印度和日本都能见到这种蝴蝶。

枯叶蛱蝶底部翅面的颜色与枯叶极为相似,它们静止不动时,会将双翅收拢起来,看起来就像一片干枯的叶子。如果仔细观察,还能发现它们棕色的翅膀底部有着深深浅浅的不规则斑纹,侧面一条暗色带状纹路从前翅顶角一直延伸到后翅臀角处,几条较细的深色线条与之交错,类似于典型的叶脉纹路。

枯叶蛱蝶的翅膀形状也很独特:前翅顶端呈镰刀状,后翅拉长,双翅合起来时,就能模仿出带叶柄的叶子形状。枯叶蝶通常会有意地将这个"叶柄"挂到一根树枝上,加强视觉欺骗效果。

枯叶蛱蝶模仿的是干枯的树叶,而圆掌舟蛾(Phalera bucephala)模仿的则是断裂的小树枝。圆掌舟蛾是一种分布在欧洲地区的蛾类,当它们收起翅膀时,合拢的双翅会将身体裹起来,形成细细的管状。圆掌舟蛾的翅膀以银灰色为底,上面缀有黑色的小点,模

仿树皮的颜色;它们的头部和前翅有黄色斑点,由棕色外环包裹,这些不规则斑纹令人联想到原木,让它们的伪装术臻于完美。

而核桃美舟蛾(Uropyia meticulodina)创造的视错觉就更加令人惊讶了。这种飞蛾生活在中国大陆及台湾地区,模仿起干燥的叶子来惟妙惟肖。核桃美舟蛾模仿的叶片的边缘甚至会仿佛因干枯而卷曲,

■ 左上图:枯叶蛱蝶(Kallima inachus)只需收拢翅膀,就可以借助其颜色隐藏在栖身的枝叶之间。
■ 右上图:一只尺蛾科(Geometridae)幼虫正在树枝上行走,它看起来与这一截小树枝极为相似。

▶ 尺蛾幼虫

蝴蝶和飞蛾在幼虫阶段也经常借助保护色来抵御捕食者。尺蛾幼虫被称作尺蠖,这一名称来源于它们特殊的运动方式:移动时,尺蛾幼虫会把身体蜷成拱形,以交替开合的方式前进,就像一个时而分开、时而闭合的圆规。为了保护自己,这些不具备防御能力又十分可口的小虫子拥有与树枝一样的颜色,它们身上凸起的部分则类似于树枝上的胞芽。同时,尺蛾幼虫还发展出了与外形相匹配的适应性行为:当它们静止不动或遇到危险时,会用后侧的伪足抓紧树枝、伸直身体,假装自己是一根侧枝。

■ 左图：一只美丽的冕花螳（*Hymenopus coronatus*）正在树叶上静待猎物。
■ 上图：冕花螳完美地将自己隐藏在一朵花中。

但那其实是它们展开的翅膀。

拟态动物借助线条与明暗对比创造出了虚假的阴影和反光点，这两种因素结合在一起，便产生了三维图像的效果，令人惊叹不已。

冕花螳

许多动物都会利用欺骗性信号来吸引猎物，但很少有动物能做到像冕花螳（*Hymenopus coronatus*）一般优雅，因为它们的模仿对象是美丽至极的花朵。冕花螳通体亮白，带有些粉色调，腿上向外延展的部分就像精致的花瓣；它们的腹部上方有一些线条，就像某些兰花的花蜜印迹，为授粉昆虫指引方向；最后，胸前一条绿色的横带将这些线条截断。这种美丽的昆虫并不与某一特定种类的兰花相似，它们集合了许多兰花的共有特征，对授粉者有普遍的吸引力。冕花螳有时直接埋伏在花朵上，有时蹲守在花朵附近，它们会耐心等待猎物靠近到足够短的距离，再发动致命一击。研究和实验表明，冕花螳的捕食成功率与环境中的花朵密度呈正相关，因为大量花朵能够引来更多的猎物；但捕食结果与冕花螳具体停留在何处无关，埋伏在花朵上还是在叶子上，对捕食结果没有明显影响。实验表明，对授粉昆虫来说，冕花螳甚至比真实的花朵更有吸引力。研究人员推测，这是因为

■ 上图：一只长吻海马（*Hippocampus guttulatus*）藏匿在大洋海神草的带状叶片之间。

擅游泳，只能以背鳍为桨来控制自己在水中运动，偶尔用上胸鳍一并运动。海龙和海马以隐蔽拟态为特征，几乎在所有温带和热带水域都有分布。由于这两种鱼类游泳时实在太过笨拙，无法从天敌嘴下逃生，只能以"隐身"来躲避捕食者的视线，隐蔽拟态的确对它们帮助良多。

长吻海马（*Hippocampus guttulatus*）大多分布于地中海和大西洋沿岸，它们或定居在沿海的沙质海床上，或穿行在50厘米至20米高的海洋植被之间，这类植被中最常见的海草是大洋海神草（*Posidonia oceanica*）或鳗草（*Zostera*）。长吻海马身长12~16厘米，外表有深色和白色斑点，随着年龄增长，它们的体色会从黄色逐渐加深至橄榄色甚至褐色。长吻海马头部和背部有着发达的棘，能够增强拟态效果。它们常用卷曲的长尾巴将自己固定在藻类或海草上，让身体保持直立。

叶海龙（*Phycodurus eques*）体色多变，从褐色到黄色都很常见。这种海龙拥有奇特的橄榄色叶状附肢，这不仅是它们的拟态特征，也是它们的名字来源。叶海龙生活在澳大利亚南部及东部水域，水深约3至15米。它们在海底岩石上休息时，附肢在水波中漂荡，几乎与覆盖在岩石上的海藻融为一体。叶海龙身长可达40厘米，与海龙科的其他动物一样不善游泳，只比长吻海马略微强一些。它们能在

冕花螳所扮演的花朵生长状态好、体形大、花蜜丰富，是令所有授粉者无法抗拒的"超级花朵"。

制胜策略

许多动物都会"隐身"。这种策略非常实用，使得在不同的进化之路上已经各自走出很远的动物们，依然会不约而同地借助拟态来隐藏自己。

海马和海龙同属于海龙科（Syngnathidae），都是长相极为奇特的鱼类。它们身体细长，全身由骨板支撑，长尾可卷曲，吻部呈管状，末端与小巧的嘴巴连通，可以吸食小型猎物。海龙科鱼类通常不

- 上图：以水平姿势游泳的叶海龙（*Phycodurus eques*）就像随波漂荡的海草一样。
- 第32~33页图：一只年轻的剃刀鱼（*Solenostomus paradoxus*）隐藏在珊瑚之中。

水中保持水平姿势，但这丝毫不会影响它们的伪装，因为此时的叶海龙看起来恰似被横向水流拖动的海草。看似娇弱的叶海龙也拥有自己的武器：受到威胁时，它们会弓起身体，露出一排长长的背刺。

不幸的是，海马和海龙的数量似乎在不断减少。人们的统计数据无法覆盖所有海龙科种群，但记录在册的大多数物种都面临着数量锐减的现状。这些小动物对环境污染非常敏感，人造海岸工程破坏了它们的栖息地，同时，过度捕捞也对它们的生存造成了威胁，每一年，都有不少海马或海龙不慎落入捕捞者的渔网而死。除此之外，另一个严重影响海龙科鱼类生存的负面因素是市场贸易。有关海马和海龙的贸易在东南亚和西非尤为猖獗，人们为获利捕杀大量的海龙科鱼类。据估计，人类每年捕杀约4000万只

海马,其中大多数被卖到纪念品商店,一些用于制药,还有一部分被卖往水族馆。过去10年中,美国共进口了14万只活体海马。科学家们发出警告:尽管许多物种受到法律或规章的明文保护,但迄今为止,人们真正实施的保护措施并不足以防止它们走向灭绝。

拟态鸟类

许多鸟类在活动环境中会表现出更加显著的拟态特征。对于那些在地面上筑巢并度过大部分时光的鸟类来说,模仿就是一种突出的生存优势。

大麻鳽(*Botaurus stellaris*)属于鹭科,是苍鹭的近亲。大麻鳽体长65~80厘米,常在河岸、池塘和沼泽附近的芦苇丛中筑巢和觅食。这种鸟类的羽毛呈麂皮色,有棕黑色的条纹和杂斑,当它们站在芦苇之间时,就算近在眼前也不容易被发现。感受到危险时,大麻鳽还会抬头将喙冲向天空,摆动自己的脖子,模仿风中飘荡的芦苇。大麻鳽属于陆禽,只在危险关头起飞,以试图抓住最后的逃生机会。

- 左图：一只大麻鸦（*Botaurus stellaris*）正伸长脖子，努力融入芦苇之中，这是它的典型拟态动作。
- 上图：云雀（*Alauda arvensis*）有着典型的拟态羽色，与周围植被的颜色十分接近。

云雀（*Alauda arvensis*）也生活在地面上，它们总是在地上跳来跳去，就算休息时也喜欢蹲在低矮的植被而非高耸的树枝上。这种小鸟体长16～18厘米，喜欢在牧场、草地等开阔地带活动。由于这些地方缺少藏身之所，云雀必须借助保护色来躲避捕食者。云雀的羽毛是灰褐色的，方便藏匿，当它们感受到危险时，会蹲在地上一动不动，减少被捕食者发现的可能。

清晨的使者

莎士比亚在歌剧《罗密欧与朱丽叶》中将云雀称为"清晨的使者"。这对悲剧性的恋人曾急切地讨论他们听见的是哪种鸟类的叫声——云雀还是夜莺。夜莺常在夜间歌唱，而云雀则宣告着白昼的到来。夜莺的叫声婉转悠扬，是最动听的鸟鸣声之一；云雀则喜欢在春夏季节的日出时分歌唱，它们鸣叫着冲向天空，再滑翔回地面，然后一边再次冲上云霄，一边继续它们的旋律。

色彩与图案

在自然界中，如果一只动物想要把自己完全隐藏起来，仅仅拥有与环境一致的毛色或肤色是远远不够的。即使在很远的距离以外，动物的外形、身体轮廓，包括影子都有可能暴露自己。因此，动物们开始尝试新的办法，利用色彩和图案增强拟态的效果。

混隐色

在朴素的单色环境中，与大地保持颜色一致足以避免被天敌发现。然而，现实中的环境往往是复杂的，阴影和光线斑驳陆离，不断变化，由于动物自身的色彩无法随着背景一同改变，简单的拟态策略常常失效。此时，高对比度的图案、斑点或条纹反而能够"打破"动物的形状和轮廓，从视觉上营造"解体"的效果，帮助动物们隐身在背景之中。这种拟态被称为"混隐色"（也叫"破坏性伪装"）。乍一听，这种办法似乎有点儿自相矛盾、违背常理，毕竟突出的图形和图案通常都以醒目为目的。不过，只需稍做想象就能明白其中的奥妙：一只狩猎的花

豹（Panthera pardus）潜伏在树上，茂盛的树冠层层叠叠，动物身上深浅不一的毛皮恰好呼应了枝叶间的光影，将轮廓隐藏在杂乱无章的视觉图案之下。正因如此，许多物种都进化出了带有斑点或条纹的被毛，特别是生活在茂密的植被中、喜欢在弱光环境下活动的猫科动物。混隐色图案完全无序排布，把动物的外形分割成不对称、不规则的小块，这种视觉骗术会让观察者产生视错觉，误以为眼前的动物并非一个整体，而是一些随机散落的自然元素。

山斑马（Equus zebra）的被毛就以强烈的对比色为特征。根据最常见的拟态假设，动物进化出混隐色的目的依然是对抗捕食者。斑马的天敌是狮子（Panthera leo），狮子在捕猎时一般会挑出最容易猎杀的目标进行追击。斑马是群居动物，交替出现的黑白色垂直条纹可以有效地混淆每只斑马的轮廓，让所有斑马的轮廓都变得模糊起来。当狮子无法从斑马群中分辨出个体时，就陷入了"选择困难"。而且，一旦狮子开始攻击某只斑马，斑马群中所有的个体都会惊慌地四散奔逃，满眼的黑白条纹晃得狮子眼花缭乱，就更难找到那只已经被它锁定的斑马了。关于斑马的黑白条纹，还有另一种已经被证实的假设：科学家们认为，斑马身上的条纹与马蝇有关。马蝇是多种病毒的携带者，被马蝇叮咬对斑马群来说是致命的灾难。不过，这种小虫子

也容易被明暗相间的图案所迷惑，无法正确地落在斑马身上。

许多鸟类也会利用混隐色，不少夜行性猛禽都是混隐色的拥趸。对于它们来说，拟态既是夜间狩猎的必要武器，也是白天休息时的保护机制。在所有的猫头鹰中，体型娇小的红角鸮（Otus scops）是无可争议的保护色之王。红角鸮羽毛颜色多变，从红棕色到灰色皆有，纵横交错的斑纹和密密麻麻的不规则黑色细纹将它的轮廓破坏得彻彻底底，让它完美地融入身后杂乱无章的树干之中。有时，红角鸮还会竖起它小小的耳簇、拉长身子，模仿断裂的树枝，加强伪装效果。

幼年是动物最容易被捕食的阶段。许多动物只在幼时拥有混隐色，这种保护机制会随着时间的推移而逐渐消失。例如，西方狍（Capreolus capreolus）幼时被毛上有浅色的斑点，欧亚野猪（Sus scrofa）幼崽的背脊上有鲜明的浅色条纹，而凤头䴙䴘（Po-diceps cristatus）雏鸟的灰白色羽毛上也有明显的黑色纹路。

暴露的可能

保护色和混隐色都是动物们伪装的绝佳手段，（下接第42页）

■ 第36～37页图：英国格洛斯特郡的迪恩森林中长满了蕨类植物，一只雌性欧亚野猪（Sus scrofa）带着它的幼崽漫步其间。

■ 左上图：一只花豹（Panthera pardus）藏身在热带大草原上，它的被毛上布满了斑点，猎物们要发现它并不容易。

■ 上图：凤头䴙䴘（Podiceps cristatus）雏鸟安稳地躲在父母的背上。

聚焦 看不见的卵

如果一种鸟类在地面筑巢，那么它的卵通常也会表现出更高的隐蔽性。一些鸟蛋以简单的保护色为特征，而另一些则运用了混隐色。以鹌鹑（*Coturnix japonica*）为例，每只雌鹌鹑产出的卵都有很大的差异，一部分鹌鹑的卵呈浅色，几乎没有任何点缀，而另一些则布满了大大小小的黑斑。雌鹌鹑似乎意识到外壳颜色必然影响到卵在环境中的伪装能力，于是它们会有意识地选择合适的产卵地点，保证拟态更加有效。产的卵颜色浅、斑点少的雌鹌鹑偏爱与卵壳颜色相近的地方，确保有效隐藏；而产的卵带深色斑点的雌鹌鹑则倾向于选择与卵的斑点颜色相近的地方，借助混隐色将自己的宝宝隐匿起来。

金眶鸻（*Charadrius dubius*）是一种湿地水鸟，喜欢在淡水水岸或沿海的沙滩、石滩上筑巢。它们的巢非常简陋，就是简简单单能容纳4枚卵的巢穴。金眶鸻每年4月至6月间产卵，这些卵与陆地的颜色相似，布有细小的深色斑点，放在巢穴里几乎看不见。父母双方轮流孵蛋、育雏和保卫领地，也常常向别的金眶鸻寻求帮助。金眶鸻以昆虫、甲壳类动物和软体动物为食，它们觅食的方式非常特别：它们踩着匆忙的小碎步在地面或浅水中寻寻觅觅，间或突然停下，用短喙啄起食物。

■ 左图：4枚卵隐藏在石头之间的金眶鸻（*Charadrius dubius*）巢穴里。

- 上图：欧洲野兔（*Lepus europaeus*）腹部的浅色毛发"中和"了腹部的阴影。
- 右图：一只地衣平尾虎（*Uroplatus sikorae*）紧贴在树干上，把自己的影子藏得严严实实。
- 第44～45页图：这只异鳞宽箬鳎（*Brachirus heterolapis*）伪装得几乎与海床一模一样，只能通过两只眼睛认出它来。

（上接第39页）但只需一条线索就能让整个视觉欺骗机制失效，那就是阴影！

任何立体物体与自然光结合都会产生阴影，影子会让动物的轮廓更加清晰。在进化的过程中，不少动物依靠深浅不一的毛色来解决这个问题。它们将背侧的深色皮毛面向光源，将浅色的腹部放置在阴影中，以此调整色差，免得被自己的影子暴露。

这种奇妙的色彩效果叫作"反荫蔽"：阳光照亮动物背部的深色部分，而腹部的浅色毛发则或多或少"中和"了原本应存在于腹部的阴影。视觉效果上，立体图像会变得平面化，捕食者也就无法辨别出自己的目标。比如欧洲野兔（*Lepus europaeus*），这种兔子的背部被毛是灰褐色的，方便在植被中隐藏自己；但如果它们全身都是这种色调，阴影下的腹侧区域就会变得更暗，伪装术容易露馅。实际上，欧洲野兔的腹部是乳白色的，所以它们反而比被毛颜色单一的动物藏得更好。

反影伪装在天空和海洋中也依然奏效。在水域、空气等立体环境中，猎物和捕食者能通过视角变化找到隐藏在背景中的对手，为了生存，不少鱼类和鸟类进化出反荫蔽的外貌特征。鱼类之中，大青鲨（*Prionace glauca*）是采用反荫蔽伪装策略的典型代表。大青鲨是一种体形庞大的鲨鱼，在各个大洋中都有分布。它们的背部呈深蓝色，身体两侧为浅蓝色，腹部则是白色的。从上方看来，大青鲨背部的颜色与深海融为一体；而从下方观察，它们腹部的浅色又与波光粼粼的海面毫无二致。

同样的道理也适用于鸟类。短趾雕（*Circaetus gallicus*）是一种专门猎杀蛇类的鸟，它们腹部的羽毛几乎是纯白的，背部则为棕色。从下往上看，短趾雕腹部的颜色与天空的光辉融为一体；而从上往下看，短趾雕背部的颜色又与地面相近，难以分辨。

彼得·潘效应

动物们消除影子的办法五花八门：有的趴伏在地上，掩盖阴影的投射；有的从身上伸展出某个部分，试图削弱身体和环境之间的不连续性。马达加斯加特有的平尾虎就是个中高手。平尾虎也称叶尾守宫，以极强的拟态能力闻名。它们常头朝下、尾朝上趴在树干上，即使在白天也很难被发现。

马达加斯加平尾虎（*Uroplatus fimbriatus*）体型扁平，皮肤上布有不规则的棕色和灰色斑点作为保护色，身体边缘还带有锯齿状鳞片。马达加斯加平尾虎常常紧贴在树干上，以免暴露自己的影子。美国的研究员们将动物把影子藏起来的行为称作"彼得·潘效应"，因为它们和著名的童话人物彼得·潘一样，都让自己的影子消失了。∎

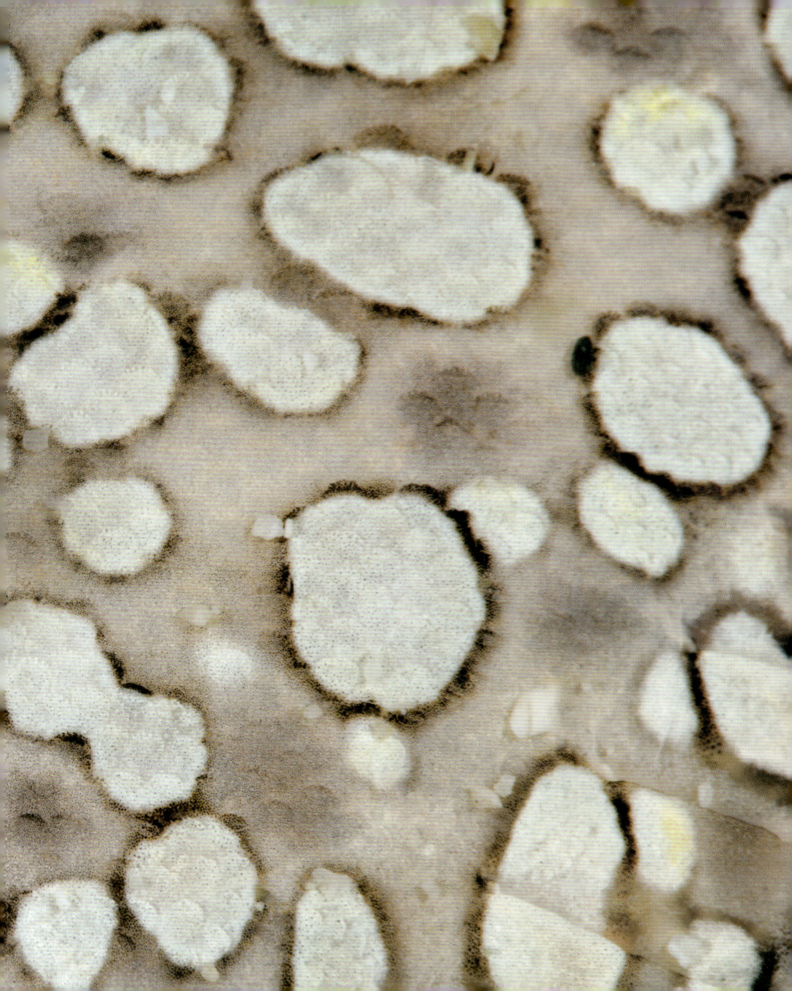

多变的保护色

一些特殊情况下，动物的颜色特征可以因空间和季节的变化而改变。这样，它们就可以在任何时间、任何地点通过伪装保护自己。

多变的章鱼

在所有动物之中，章鱼是最著名的变形者之一。它们能够为了伪装自己而骤然改变颜色，整个过程有时甚至连1秒都不到。章鱼的皮肤表面分布着一种细胞，名为色素细胞，包含红色、黑色、黄色等天然色素。每个色素细胞周围都分布着由中枢神经系统直接控制的肌肉纤维。接收到神经信号时，脉冲控制肌肉纤维收缩，色素细胞随之膨胀，显示出内在的色素；反之，当肌肉放松时，色素细胞收缩，外界就无法看见这些细胞所包含的颜色。色素细胞下方是章鱼的虹彩细胞，可以通过不同的收缩方式折射出绿色调或蓝色调的光。因此，通过控制各种细胞的收缩，章鱼能够表现出几乎所有的色调细节。

章鱼不仅能够模仿周围环境的颜色，还会调整自己的姿势，模仿身边的物体的形态，最经典

的例子就是模仿海底岩石。不过，调整颜色和模仿岩石远非章鱼的极限。1998年，科学工作者在东南亚海域发现了一种章鱼，它们体长可达60厘米，白色的身体上有棕色的条纹。这种章鱼叫作拟态章鱼（*Thaumoctopus mimicus*），是自然界中最优秀的拟者之一。海洋中的各种有毒生物会触发拟态章鱼摆出不同的姿势并调整成不同的应对模式，这种现象非常有趣。拟态章鱼通常先评估自己面临的情况，再根据威胁的程度将自己装扮成比目鱼、海星、翱翔蓑鱼，甚至剧毒的海蛇。例如，当拟态章鱼被小丑鱼（*Amphiprion*）等领地意识极强的鱼类攻击时，就会模仿有毒蛇类，譬如扁尾海蛇（*Laticauda*）。此时，拟态章鱼会将6条腕藏在身下，只剩2条腕向两端高高抬起，其外形和动作都像极了小丑鱼的天敌。

避役

避役以擅长变色著称，其中，马达加斯加的豹纹叉角避役（*Furcifer pardalis*）又是变化能力最强的避役之一。

人们曾经以为，避役同样也是依靠色素细胞改变皮肤颜色的。然而，后来科学家们发现色素细胞只能影响颜色的亮度，避役身上的颜色变化则是细胞层结构变化影响光线反射的结果。

避役不只在试图伪装自己的时候变换颜色。恐惧、攻击性等精神状态、身体和生理状况，以及温度、湿度和光线等外部因素，都有可能影响一只避役的颜色。

- 第46~47页图：拟态章鱼（*Thaumoctopus mimicus*）堪称变形者之王。
- 左图：豹纹叉角避役（*Furcifer pardalis*）是最会改变体色的动物之一。
- 上图：一只弓足梢蛛（*Misumena vatia*）躲在黄色的花朵中，等待猎物上门。
- 第50~51页图：一只短尾枯叶侏儒避役（*Rieppeleon brevicaudatus*）正藏身在树叶中。这是一种侏儒变色龙，体长约7厘米。

蟹蛛

蟹蛛科（Thomisidae）的蜘蛛体形不大，体长只有4~14毫米。它们身体扁平，身侧的蛛腿略微拱起，看着隐约有点像螃蟹，因此得名蟹蛛。蟹蛛是伏击型猎手，常常一动不动地潜伏在花丛中等待猎物的到来。有时，这些猎物的体形甚至比它们自己还大得多，比如蜜蜂或黄蜂。蟹蛛通常通过颜色和图案来伪装自己，以避免被猎物发现。许多蟹蛛能够根据藏身的花朵改变自己的颜色，例如弓足梢蛛（*Misumena vatia*）就能够呈现从纯白色到亮黄色之间的所有颜色，而满蟹蛛（*Thomisus onustus*）还可以呈现出粉紫色调。

不过，似乎只有雌性蟹蛛才能改变自身的颜色。此外，它们的变化过程并不像前文提到过的动物们那样迅速，而是需要好几天时间。研究者还发现了一个惊人的结论：某些蟹蛛的腹部能够反射紫外线。虽然我们人类的眼睛看不见紫外线，但它对授粉者具有强烈的吸引力，所以有蟹蛛隐藏其间的花朵甚至比没有蟹蛛潜伏的花朵更受授粉者们的欢迎。研究者认为，昆虫可能认为有紫外线照射的花朵长势更好。

换毛和换羽

冬季，温带和寒带地区被大雪覆盖，生活在高纬度地区的动物们必须忍受低温侵袭、食物缺乏等多种严苛的自然条件。为了在严寒中生存，动物在进化的过程中也发展出了不少适应性策略，其中之一就是换毛或换羽。哺乳动物换毛和鸟

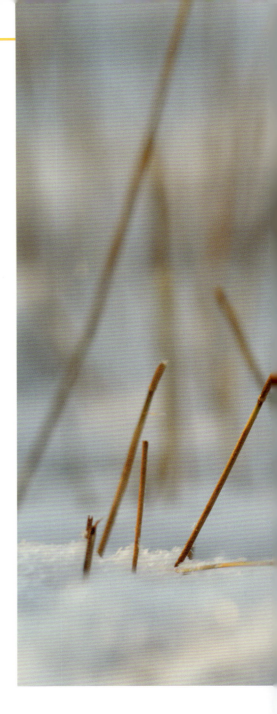

▶ 乔装打扮的动物

一些动物没有天生的拟态外形，但它们善于"打扮"，借用身边的材料将自己伪装起来。例如欧洲蜘蛛蟹（*Maja squinado*），这种螃蟹属于蜘蛛蟹科，蟹壳多刺，其上覆盖海藻。研究人员发现，如果欧洲蜘蛛蟹发现身边环境中的藻类与自己甲壳上的藻类不一样，还会以最快的速度换下身上的海藻，用周围的藻类将自己重新装扮起来。另一个例子是宽钳寄居蟹（*Dardanus calidus*），它们腹部的甲壳非常柔软，所以喜欢搜集海绵或海葵来保护自己。宽钳寄居蟹最好的伙伴是寄生美丽海葵（*Calliactis parasitica*）。寄居蟹和海葵之间形成互生关系，两种生物都能从中受益：寄居蟹成功地将自己伪装起来，还能借助海葵的刺细胞保护自己；海葵则能在寄居蟹进食的时候获得不少食物残渣，住在寄居蟹的背上也有利于它们扩大活动范围。

类换羽通常以半年为周期，不同物种各有其细节特征。更新被毛或羽毛有助于动物们适应温度变化，也能保证它们尽可能地融入季节性景观，增强伪装的效果。

动物们通常在秋季开始换毛或换羽，此时温度下降，日照时间变短，会触发生物体内复杂的光周期生理机制，导致一些动物彻底改头换面。其中，白鼬（*Mustela erminea*）就是一个生动的例子。这种小动物在北半球的大部分地区都很常见，它们体长18~32厘米，体态优雅，小巧又灵活。与其他鼬科动物一样，白鼬也是肉食性动物，它们的行动速度极快，有很强的跳跃能力，以跳跃式前进为典型特征。白鼬身体纤细修长，爪子小巧，头部呈三角形，耳朵小而圆。夏季，白鼬背部的皮毛呈红褐色，腹部偏浅黄色，最有辨识度的是尾巴尖端的一抹黑色。然而在冬季，它们会变得通体雪白，只剩黑色的尾巴尖。每当秋季来临，白鼬

会从尾巴根部开始换毛，然后是前肢和后肢。随着时间的流逝，它们的身体由下至上依次变白，最终只在背部留下一条深色的纹路。当气温下降到一定程度时，这条背纹也会自然消失。每当春季来临，白鼬的被毛又会以相反的顺序变回夏天的样子。白鼬是非常优秀的猎手，它们能够捕食体形比自己还大的动物，比如兔子。不过，它们还是斗不过更加凶猛的捕食者，很容易成为狐狸或鹰的盘中餐。因此，与环境融为一体对白鼬来说十分重要，因为这不仅是它们觅食成功的重要因素，也能降低它们被其他动物猎杀的概率。

令人遗憾的是，随着全球变暖，冬季越来越短，有积雪覆盖的地区也越来越少，白鼬可能因此陷入生存危机。

■ 左上图：几只海葵共同生活在一只寄居蟹（*Dardanus*）的壳上。
■ 上图：一只优雅的白鼬在皑皑白雪之间。

贝茨拟态和缪勒拟态

一些动物拥有无比鲜艳的色彩，博物学家们对此感到十分惊讶，并孜孜不倦地研究了好几个世纪。最终，贝茨和缪勒两位学者对这些绚丽的色彩做出了科学的解释。他们认为，鲜亮的外表并不是为了让动物们隐藏在自然环境之中，而是为了让动物们更加显眼。

这些色彩斑斓物种通过明艳的外表向前来觅食的动物们传达了一个明确的消息："我不好吃！"也就是说，将鲜艳的颜色按照一定的规律组合起来并"穿"在身上，其实还是为了避免被捕食者吃掉。色彩鲜艳的动物通常都带有毒刺或是能散发出恶臭，捕食者只要"品尝"一次，就会感到深深的厌恶。鲜艳的颜色很适合提醒捕食者这一不愉快的经历，让它们不再犯同样的错误。因为这些颜色能警告和威慑捕食者，让它们意识到面前的动物十分危险，所以被称为警戒色。不同物种的警戒色所用的颜色组合总是相似的，因此，动物们很快就能学会避开有警戒色的动物。

■ 左图：美丽的贝茨蛱蝶（*Batesia hypochlora*）就是运用警戒色的例子。从这个角度可以清晰地看到蝴蝶翅膀背面的鲜艳色彩。

致命的色彩

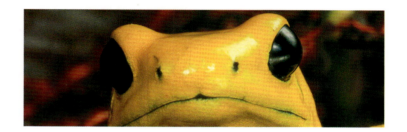

在地中海的温暖水域中畅游,在鲜花盛开的草地上散步,在热带雨林或北美森林中探险……各种各样的环境中,我们都有可能遇见色彩斑斓的动物,它们相貌奇特,却拥有致命的本领。

扇羽鳃是海蛞蝓吗

在地中海的温暖水域中潜水,遇到奇奇怪怪又五彩缤纷的海蛞蝓是常事。这些海蛞蝓的鳃都长在背上,无遮无拦地直接暴露在水里,因此得名"裸鳃类动物"。这些生物属于软体动物门腹足纲,最著名的特点就是颜色鲜艳,因而也被称作"海底小丑"或"海蝴蝶"。

裸鳃类动物有毒,会以绚丽的色彩向外界明确传达自己的危险性。它们体内的毒素来源于日常食物。地中海中生活着许多扇羽鳃(*Flabellina*),它们以真枝螅(*Eudendrium*)的珊瑚水螅为食。珊瑚水螅拥有刺细胞,也称作刺丝囊,扇羽鳃会直接吞下这些刺丝囊,借助体内的消化酶让刺

细胞失活，再把刺细胞运送到鳃部顶端。这样一来，扇羽鳃背部的裸鳃就有了毒性，成为它们的防御器官，让海洋中的许多动物都对它们敬而远之。

有毒的瓢虫

在人们的印象里，瓢虫是一种可爱的小生物。瓢虫在一些文化中代表着幸运，并因此成为许多著名产品的标志。每一年，许多印有瓢虫形象的产品远渡重洋，销往世界各地。认真想来，人们对大部分昆虫都抱有天生的敌意，只有少数昆虫在人类世界中声誉良好，而瓢虫就是其中之一。并且，越是鲜艳的瓢虫，越是受人欢迎。瓢虫属于瓢虫科（Coccinellidae），但从颜色方面看，这些五颜六色的小甲虫其实是家族中的异类。上文已经解释过，绚丽的色彩是为了向捕食者传达信息，表明自己能够产生恶臭和有毒物质，是不适合食用的昆虫。受到外界刺激时，成年瓢虫会从身上的一些特殊部位产生毒素，比如股骨和胫骨之间的关节处。人们将此类行为称作"反射放血"，但瓢虫从体内排出的并不是血液，而是毒液。英国剑桥大学和埃克塞特大学的研究表明，瓢虫的毒性与外表颜色密切相关：颜色越艳丽，毒性越强。大多数瓢虫都能够产生刺激性气味，它们身上鲜亮的颜色正是为了提醒其他动物这一点。只有落叶松瓢虫（Aphidecta obliterata）等毒性较低的物种才会用到保护色，试图通过躲避捕食者来保全性命。

瓢虫是日常生活中常见的昆虫。有时，只要出门散散步，我们就能与七星瓢虫（Coccinella septempunctata）、二星瓢虫（Adalia bipunctata）、异色瓢虫（Harmonia axyridis）等各类小昆虫不期而遇。

黑寡妇蜘蛛

间斑寇蛛（Latrodectus tredecimguttatus）属于蛛形纲，它们更为人所熟知的名字是"黑寡妇蜘蛛"，全世界都使用这个令人闻风丧胆的名字来指代它们。人们常在地中海地区的沼泽地带遇见间斑寇蛛。它们的体形很小，雄蛛体长通常不超过1厘米；雌蛛的体形稍大一些，但加上腿长也不超过3厘米。雌蛛乌黑的腹部上有13个鲜红的斑点，清晰地昭示着它们的危险性。

大多数蜘蛛依靠毒液获取食物，不同种类的蜘蛛毒性也不尽相同。间斑寇蛛喜欢在低矮的灌木丛或矮墙之间结网，每当有昆虫误入它们精心编织的不规则蛛网，就会被其用致命的毒液杀死。这种神经性毒液的毒性极强，但一次注射的量不大，所以，间斑寇蛛虽然可能引起些恼人的问题，却不至于对人类产生致命的伤害，不及它们的表亲"美国黑寡妇"，即红斑寇蛛（Latrodectus mactans）造成的后果严重。

可怕的两栖动物

世界各地的雨林中，生活着不少小小的彩色两栖动物，它们看起来有多美丽，触碰到就有多致命！两栖纲无尾目下的箭毒蛙科（Dendrobatidae）包含了许多

- 第56~57页图：一只色彩鲜艳的海扇鳃（Flabellina）正在进食。海扇鳃最喜欢吃小型海洋无脊椎动物，这样它们就可以从中摄取使自己不讨捕食者喜欢的刺细胞了。
- 左图：一只异色瓢虫（Harmonia axyridis）正在寻找猎物。蚜虫和鳞翅目昆虫是它们最喜欢的食物。
- 上图：一只红斑寇蛛正在编织它的"死亡之网"。

- 左图：这是一只成年的恐怖叶毒蛙（*Phyllobates terribilis*），它是地球上最毒的物种之一。
- 上图：染色丛蛙（*Dendrobates tinctorius*）的皮肤非常艳丽。

地球上最危险的物种，这些脊椎动物的色彩极其明艳，任何生物只要看它们一眼，就能知道它们有多么危险。其中，最著名的要数恐怖叶毒蛙（*Phyllobates terribilis*），其全身呈亮眼的黄色；以及染色丛蛙（*Dendrobates tinctorius*），它们明亮的钴蓝色皮肤上间杂有黑色的斑点，还有白色、黄色或深蓝色的条纹。由于这些森林原住民捕食的昆虫体内有毒，食用后它们自己的皮肤中也会渗出毒性极强的生物碱。换句话说，如果以无毒的软体动物喂食箭毒蛙，它们就不会如此致命了。生活在雨林中的人打猎时，常把箭毒蛙皮肤上渗出的毒素涂在自己的箭尖上，这种武器能够让猎物在短短几秒内中毒甚至死亡。

当然，小小的箭毒蛙并不仅仅是致命的生物而已，科学家们从这种脊椎动物的毒液中提取出了一种比吗啡强大数百倍的镇痛物质，说不定对人类相当有用。不过，直到现在，很多美丽的两栖动物对于人类来说还十分神秘。也许在未来，我们能够揭晓更多秘密的答案！

令人作呕的脊椎动物

脊椎动物中也有灵活运用警戒色的动物，其中最令人印象深

记事本

有毒鸟类

很少有人知道，鸟类也可能有毒。自然界中存在着6种有毒的鸟类，它们的羽毛上有着鲜艳的警戒色。这些鸟类住在新几内亚的森林之中，人们必须登岛才能在野外找到它们并进行观察。其中一种鸟是蓝顶鹛鸫（*Ifrita kowaldi*），另外5种鸟都属于林鹛鸫属（*Pitohui*），最著名的是黑头林鹛鸫（*Pitohui dichrous*）。这6种鸟的体形都比较小，和麻雀差不多大，它们的羽毛颜色包括红色、黑色、黄色、浅蓝色以及白色，这些颜色都是常见的警戒色。

人们在抓捕这些鸟类时偶然发现了它们的毒性。它们胸部的羽毛和爪子的皮肤上有着毒性强大的生物碱（箭毒蛙毒素），一旦接触到就会作用于神经。这种毒素的毒性是番木鳖碱的足足250倍之多。

人们普遍认为，为了吓退潜在的捕食者，这些鸟类也将这种毒素涂抹在它们的巢穴和卵上。这6种鸟类的饮食结构中有一种甲虫，这些有毒物质正是来源于这种甲虫。

■ 左图：一只成年黑头林鹛鸫（*Pitohui dichrous*）站在树枝上，等着抓小甲虫。在这幅图中，人们可以很清楚地看见它鲜艳的羽毛。

刻的就是两种美洲臭鼬：条纹臭鼬（*Mephitis mephitis*）和大尾臭鼬（*Mephitis macroura*）。

臭鼬属于哺乳动物，身披又软又长的黑色被毛，背上一条显著的白色条纹张扬地宣告着"不要靠近"。鉴于这两种动物同属于臭鼬科（Mephitidae），我们也能大致猜出，它们的致命武器并不是什么强力的毒液，而是一种非常难闻的物质。臭鼬科动物拥有两个肛门腺，它们可以通过肌肉控制腺体，将其中储存的刺激性液体精确地喷洒到天敌附近，"射程"最远可达数米。

这种奇臭无比的液体中包含硫醇（含硫化合物），这种物质会散发出一种令人作呕的气味，让人联想到臭鸡蛋、大蒜和烧焦的橡胶的混合物。大多数捕食者因为无法忍受这种气味望而却步，只有美洲雕鸮（*Bubo virginianus*）不怕它们。美洲雕鸮的嗅觉不太灵敏，不会受到臭味的影响，因此成为唯一一种猎食臭鼬的动物，是臭鼬真正的天敌。■

■ 右图：一只条纹臭鼬（*Mephitis mephitis*）正捧着一簇花，准备饱餐一顿。它们的食谱随季节变化，包括昆虫、小型哺乳动物、植物的嫩芽以及果实。

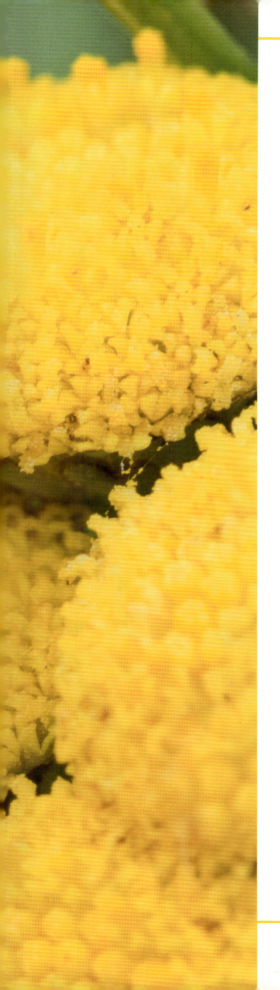

贝茨拟态

贝茨拟态是由亨利·沃尔特·贝茨提出的拟态模式。贝茨是一位杰出的自然学家，与他同时代的学者们也都是开创性的博物学家，他们共同为科学做出了巨大贡献，让后世之人都难以望其项背。

沿着花田漫步时，我们的注意力非常容易被色彩丰富的昆虫所吸引，比如五颜六色的蝴蝶，或者有着黄黑色条纹的蜜蜂和黄蜂。不过，如果我们仔细观察，也许还会在这些嗡嗡叫的昆虫中发现一种"奇怪的蜜蜂"。一眼看去，它和别的蜜蜂没什么区别，但这种昆虫的运动方式和蜜蜂完全不同：它能悬停在空中，然后突然加速飞到下一个地点，接着再次停下并悬停在空中。等到它停在花朵上，人们就能仔细地观察它了：这种"蜜蜂"的两只触角都位于头部中间，底部连接在一起，末端分离。它的复眼大而圆，占据了头部前侧的大部分区域。仔细的观察者也许还会注意到，这种神秘的昆虫只有两只翅膀，而蜜蜂和黄蜂都有4只翅膀。那么，这种与膜翅目昆虫在外形上如此相似的黄黑条纹昆虫到底是什么呢？

■ 第64~65页图：一只成年短翅细腹食蚜蝇（Sphaerophoria scripta）正在吸食花蜜。双翅目昆虫特有的大眼睛非常引人注目。
■ 上图：一只管蚜蝇（Eristalis）正准备起飞。因为它们的特征是可以悬停在空中，这些蝇类昆虫在英语中也被称为"无人机飞蝇"（Drone fly）。
■ 右图：一只带状斑眼蚜蝇（Eristalinus taeniops）正在飞行。带状斑眼蚜蝇属是双翅目昆虫中已知的主要授粉者，会将花粉沾在腹部带往别的花朵。

它其实是一只食蚜蝇。食蚜蝇科（Syrphidae）属于双翅目，和苍蝇有亲缘关系。神奇的是，一些食蚜蝇根本没有任何防御性武器，却和具有攻击性的蜂类昆虫长得很像。例如，短翅细腹食蚜蝇（Sphaerophoria scripta）的外形和黄蜂相似，而艳毛眼管蚜蝇（Myathropa florea）等大部分食蚜蝇看起来则像蜜蜂。人们不禁会问："它们明明和苍蝇是一类昆虫，可是为什么看起来这么像蜜蜂和黄蜂？"对此，博物学家亨利·沃尔特·贝茨给出了答案。

优秀的收藏家

1825年2月8日，亨利·沃尔特·贝茨出生于英国莱斯特市的一个中产家庭。他13岁就结束了学习生活，开始在一家制袜厂做学徒。不过，贝茨并没有就此接受命运的安排，他在工作之余继续学习，为了接触到图书馆里丰富的藏书，还成为机械学院的学生。19岁时，贝茨认识了阿尔弗雷德·拉塞尔·华莱士，那时的他还不知道，华莱士会成为他未来的挚友，也会成为那个时代最重要的博物学家之一。因为家庭原因，华莱士很早就离开了莱斯特市。不过，华莱士和贝茨并没有失去联系，两人始终保持着密切的通信，也会在书信来往间交流阅读的感受，两人共同阅读的书籍中就包括了达尔文和洪堡关于南美之行的著作。也许，正是这些书激励着两位年轻的博物学家在南美洲开启了伟大的探险。

1847年，贝茨和华莱士开始规划旅程。1848年4月，一切准备就绪，两位年轻人从英国利物浦起航，于5月底抵达了巴西。在南美大陆上生活了1年后，贝茨终于开始了人生中最重要的旅程——雨林探险。他在亚马孙雨林中进行了为期11年的考察，直到1859年，贝茨最终因健康状况恶化不得不回到英国。回程之前，贝茨足足雇了3艘船，小心翼翼地把自己的所有藏品都安置好，运回了国内。1852年华莱士回国时，船上经历了大火，几乎所有的珍贵标本都付之一炬，因此，贝茨此次带回的标本至关重要。那时的贝茨已是疾病缠身，营养不良，但在病困交加的情况下仍整理并带回了14712种动物标本，其中8000种在当时都是学界尚未发现的生物。

接下来，这位博物学家又花费了3年的时间，以小说的形式记录了他在南美大陆上完成的所有工作，这本著作叫作《亚马孙河上的

令人印象深刻的俗名

在英文中，食蚜蝇有属于自己的"俗名"。英国人把这些双翅目昆虫称作"盘旋蝇"（hover flies），因为它们总是盘旋在空中，在某个固定点、固定高度上悬停，就像直升机典型的悬停操作。在美国，人们为了将食蚜蝇和蜜蜂区分开来，将这种不断在花朵间飞来飞去的小虫子称为"花虻"（flower flies）。

博物学家》，一经出版就成为当时最重要的书籍之一，被人们广泛传阅。1892年，贝茨与世长辞。

那是一个被博物学家塑造的年代。时代孕育了一批杰出的自然探险家和研究者，贝茨只是其中的一员。这些学者中包括贝茨一生的挚友华莱士，还有达尔文、胡克、穆勒，以及赫胥黎。

蝴蝶与贝茨拟态

贝茨在亚马孙雨林中进行考察时，曾在埃加地区停留过很长一段时间。他在那里观察并收集到了大约55种非常美丽的蝴蝶标本，其中有不少属于袖蝶属（Heliconius）和斑蝶属（Danaus）。贝茨发现，这些蝴蝶的飞行速度很慢，并不难捕捉，但许多捕食者却根本不会打它们的主意。科学家对此感到疑惑：为什么如此显眼的蝴蝶反而不会被捕食呢？之后，贝茨又仔细观察了这些蝴蝶的幼虫，发现它们也是花花绿绿的，身上有白色、黄

■ 左图：杨大透翅蛾（Sesia apiformis）将自己伪装成黄蜂的样子。
■ 上图：杨大透翅蛾的模仿对象——黄蜂。

色、黑色等各种颜色。后来，贝茨意识到，这些毛毛虫以有毒的植物为食，体内有毒性残留。原来，昆虫身上的艳丽色彩是在对捕食者发出警告，向它们表明自己是有毒的。

博物学家并没有就此停下脚步。他在观察结果的基础上进行了更加深入的研究后，发现其他无毒的物种也会有意识地模仿这些蝴蝶的颜色和图案，以此达到自我保护的目的。贝茨将那些有毒的生物称作"被拟者"，将那些无毒的模仿者称为"拟者"。

当然，所有的模仿行为都必须遵循一定的规则，才能保证骗局不被戳破。首先，被拟者的身上必须有明显的颜色和图案，这样捕食者才有可能一眼就将它们识别为"不能碰"的那一类生物。其次，只有被拟者是真正有毒的，所有的拟者其实都是无毒又美味的食物。最后一点，也是最重要的一点，是拟者的数量必须远远少于被拟者的数量。如果模仿者比本身有毒的动物还多，捕食者就会有更大概率碰上那些美味的无毒食物，那么它们永远也无法了解警戒色的真正含义。如果这种情况真的发生了，那么所有的生物，不论是否拥有警戒色、是否真的有毒，都不再安全。

在贝茨拟态中，只有拟者会得到好处。为了保持这种生存优势，它们必须在被拟者变化时及时改变自己的样子。接下来，我们将通过一种飞蛾与黄蜂之间的关系来深入理解贝茨拟态的特点。

飞蛾还是黄蜂？

杨大透翅蛾（Sesia apiformis）生活在欧洲，属于鳞翅目透翅蛾科（Sesiidae）。杨大透翅蛾的幼虫喜欢啃食杨树干，对几个品种的杨树造成了不小的困扰，但同时，它们也是一种完全无害的

- 上图：这是一只三带盾齿鳚（*Aspidontus taeniatus*），是鱼类中的"小骗子"。
- 右图："清洁工"裂唇鱼（*Labroides dimidiatus*）正在为一只爪哇裸胸鳝（*Gymnothorax javanicus*）清洁口腔。

昆虫，是捕食者眼中的"美食"。这种透翅蛾和大黄蜂（*Vespa crabro*）的体型和颜色都相差无几，当它们受到生命威胁时，甚至还会努力地模仿大黄蜂的飞行方式。不过，通过观察昆虫的身体结构，人们还是可以把无毒的杨大透翅蛾和危险的黄蜂区分开来。真正的大黄蜂在胸腹之间有着纤细的"腰身"，而飞蛾胖胖的身体则没有类似的结构。不过，与其他的飞蛾相比，能够模仿大黄蜂的外形以及行为的杨大透翅蛾的确更少遭到捕食者的攻击。

蛇鳗

斑竹花蛇鳗（*Myrichthys colubrinus*）属于鳗鲡目，是一种相貌奇特的鱼类。它们的身体呈带状，长度可达近1米，白色的皮肤上有宽大的黑色环带，外表非常醒目。斑竹花蛇鳗生活在红海以及太平洋和印度洋的浅水区域，虽然看起来花哨，实际上却并不危险。这种蛇鳗完全无毒，它们会花费很多时间在海底悠闲地巡游，找寻自己喜欢的食物，如甲壳类动物和小鱼。斑竹花蛇鳗的奇特之处就在于它们长得很像带有剧毒的蓝灰扁尾海蛇（*Laticauda colubrina*）。蓝灰扁尾海蛇会分泌一种神经性毒液，这种剧毒可以破坏敌人的膈的功能，使其呼吸和心脏功能受损。

鱼中的欺骗高手

这个关于骗子的故事共有两位主人公：裂唇鱼（*Labroides dimidiatus*）和三带盾齿鳚（*Aspidontus taeniatus*）。裂唇鱼擅长清理大鱼鳃部的寄生虫和死皮。每当有顾客游到它们面前，裂唇鱼便开始表演一种特殊的舞蹈；大鱼立马会意，就会张大嘴巴让裂唇鱼进入自己的口腔进行清洁。然而，有些不幸的客户却会被三带盾齿鳚欺骗。三带盾齿鳚和"清洁工"裂唇鱼外形相似，甚至还会表演类似的舞蹈。一旦大鱼被欺骗，张开了自己的嘴，三带盾齿鳚就会溜进受害者的口腔，撕下一块鱼鳃或鱼肉就跑，找到一个安全的地方享用偷来的一餐。

扮演毛毛虫的雏鸟

就在不久前，人们又发现了一个关于贝茨拟态的新案例。有一种奇怪的小鸟，叫作栗翅斑伞鸟（*Laniocera hypopyrra*），它们长大后的样子平平无奇，可在雏鸟时期却拥有鲜艳又奇特的羽毛。栗翅斑伞鸟的家在秘鲁的森林中，成鸟喜欢把巢建在高高的树上，因

鲜艳的小虫

在地中海水域中，生活着一些海扁虫（*Prostheceraeus*），它们披着与海蛞蝓十分相似的艳丽外衣。由于海蛞蝓比海扁虫危险很多，捕食者会像避开有毒的裸鳃类动物一样避开艳丽的海扁虫。

此鸟巢很容易暴露在捕食者的搜捕下。加之父母双双外出觅食，雏鸟需要独自在巢穴中度过许多时间。不过，雏鸟也有自保的手段！只要听见捕食者接近巢穴周围，雏鸟就会把头部弯折到身体下面。这种高难度姿势让它们的身体显得又细又长，还能突出带有黑色斑点的橙色绒毛和有着白色顶端的长羽绒。这还不够——当雏鸟感知到危险，它们还会模仿毛毛虫的典型动作，慢慢地爬进自己的巢里！

栗翅斑伞鸟的雏鸟模仿的是一种特殊的毛毛虫，它们和栗翅斑伞鸟生活在同一种树上。这些被模仿的毛毛虫颜色偏红，身上有长长的刺毛，看起来与雏鸟的羽色非常相似。不过，科学家们尚未确定这种昆虫的分类。

缪勒拟态

贝茨并不是唯一一位前往南美洲研究热带雨林的学者。19世纪下半叶,许多科学家纷纷踏上南美洲,探索这片神秘的土地,其中就有博物学家约翰·弗里德里希·西奥多·缪勒。

缪勒的研究非常重要,因为它完善了贝茨对拟态的研究成果。

自力更生的博物学家

1821年3月31日,约翰·弗里德里希·西奥多·缪勒出生在德国一个富裕的家庭。缪勒在家庭的支持下不断成长、学习,不仅从植物学和生物学专业顺利毕业,还进行了不少医学研究。医学让缪勒的生活发生了转折,他在研究医学的过程中开始逐渐质疑自己的宗教信仰。1846年,缪勒公开宣称自己为无神论者。由于希波克拉底誓词中包含宗教相关的字眼,缪勒虽然顺利地完成了医学考试,却没有宣誓并接受医学院的结业证书。后来,随着人们对出版自由和舆论自由的要求迅速发展,德国于1848年爆发了三月革命,缪勒站在支持革命的一方。革命最终没有成功,缪勒迅速意识到,自己曾经对革命的支持会对私人生活以及事业产生很大的负面影响。1852年,这位科学家决

定踏上前往巴西的旅途，他的兄弟和妻子也随他一起迁居南美洲。

缪勒在巴西过着深居简出的生活。他一边种地，一边从事医生、生物学家和教师等职业。幸运的是，缪勒仍在继续从事自然调查，这是他最为热爱的事业。1864年，缪勒成了达尔文理论的坚定捍卫者，他给这位著名的英国博物学家写了一封信，并随信寄去自己的一篇文章，文章主要从巴西甲壳类动物的相关研究出发，证实了达尔文的理论。这封信件开启了两位博物学家长期而密集的信件往来，直到1882年达尔文去世之前，他还在与缪勒通信。

1876年，缪勒被任命为里约热内卢国家博物馆的官方自然探险家，正式开启了他的博物学家生涯。这也许是缪勒一生中最幸福的时期，因为只有在这段时间内，他才得以全身心地投入到对自然科学的热爱之中。不幸的是，1889年，巴西也开始了动荡年代，情况急转直下。穆勒失去了博物馆的工作，一切都开始走下坡路。

不过，缪勒并不孤单，同事们和朋友们依旧非常尊重他，他的兄弟也一直陪伴着他。缪勒继续全力进行研究，他撰写了许多文章和笔记，内容涉及博物学的方方面面。1897年，缪勒在他心爱的南美洲逝世。这片土地从他身上夺走了太多东西，也给予了他相应的馈赠。

蝴蝶与拟态

贝茨喜欢研究鳞翅目动物，缪勒也同样为雨林中美丽又多彩的蝴蝶而深深着迷。两人都发现，一些拥有警戒色且不可食用的鳞翅目昆虫，常常成为一些无毒的、美味的昆虫模仿的对象。不过，缪勒还注意到，一部分拟者并非无毒昆虫，它们模仿其他生物，只是因为自己的毒性不如被拟者的毒性那么强。

我们在了解贝茨拟态时，已经认识了袖蝶属（Heliconius）的蝴蝶。接下来，我们依旧以袖蝶作为

- 第72~73页图：拟态短指毒蛙（*Ranitomeya imitator*）借助艳丽的外表欺骗了捕食者，让它们误以为自己是某种毒性很强的生物。
- 左图：一只红带袖蝶（*Heliconius melpomene*）。
- 上图：一只艺神袖蝶（*Heliconius eratus*）。

例子来理解缪勒拟态。袖蝶属蝴蝶的幼虫以有毒的植物为食，毒素在它们的身体组织中沉积下来，即使后来已经从幼虫长为成虫，袖蝶仍能散发出令捕食者不喜的气味。袖蝶属的蝴蝶外形相似，但毒性有很大差异。

红带袖蝶（*Heliconius melpomene*）和艺神袖蝶（*Heliconius eratus*）就是一对生动的例子。西番莲属的植物大都含有毒素，红带袖蝶的幼虫食用西番莲属植物的叶子，因此从幼虫到成虫时期一直能散发出捕食者讨厌的味道。艺神袖蝶同样也以西番莲属植物为食，但食用的具体植物种类与红带袖蝶不同，因此两种蝴蝶体内的毒性也有差异。

这两种袖蝶常被其他鳞翅目昆虫当作拟态范式，但模仿它们的生物中也不乏确实有毒的动物。

人们将两种或多种有毒的、不可食用的物种相互模仿的行为称为缪勒拟态，这种拟态模式能够为所有参与其中的生物带来共同优势。由于大家外形相似，捕食者只需记住一种颜色或图案模式，就能识别出所有类似的物种，将这些有毒的动物和可以食用的猎物区分开来。因此，在穆勒拟态中，各种有毒生物都试图向一个共同的外表模型靠拢，相互之间不存在太大的差异。

最后，缪勒拟态还能带来一个显而易见的好处：雏鸟学习辨别可食用昆虫和不可食用昆虫时，会随机捕捉一只蝴蝶。如果被抓到的是一只不幸的红带袖蝶，那么仅仅牺牲这一只蝴蝶就可以给雏鸟带来教训，保全所有外形相似的蝴蝶。第二只没有经验的雏鸟也会以同样的方式进行学习，但这次被抓住的也许就是一只艺神袖蝶。由于同一个拟态模型中有许多相似的物种，被缺乏经验的捕食者抓住的压力便会随机分散到多个物种身上。当许多个体共同承担风险时，每个拟态物种中被捕食的个体数量就会大大减少。

狡诈的两栖动物

秘鲁东部的热带雨林中,生活着一种体形小巧的两栖动物:网纹毒蛙(Ranitomeya imitator)。网纹毒蛙属于箭毒蛙科,直到20世纪80年代末才被人发现。箭毒蛙的毒性都很强,但网纹毒蛙由于体形实在太小,无法对敌人造成像其他箭毒蛙那样严重的威胁,因而只好从外形上模仿其他种类的箭毒蛙,这也是其学名含义的由来。在缪勒拟态中,脊椎动物之间相互模仿的模型非常少见,网纹毒蛙是其中一个经典案例。

模糊的界限

千变万化的自然界无法用死板的模型来简单概括分类,在贝茨拟态和缪勒拟态之间划分出一条清晰的界限也并不容易。接下来,我们将用3种蛇类作为例子来理解贝茨拟态与缪勒拟态之间的模糊地带:东部珊瑚蛇(Micrurus fulvius)、被称作"假珊瑚蛇"的牛奶蛇(Lampropeltis triangulum),以及来自红光蛇属(Erythrolamprus),同样被称为"假珊瑚蛇"的埃斯库拉皮安拟珊瑚蛇(Erythrolamprus aesculapii)。东部珊瑚蛇是著名的毒蛇,它们分泌出的毒素可以在几分钟内置敌人于死地;而牛奶蛇则完全无毒,只能通过缠绕的方式扼制猎物胸腔扩张,使猎物窒息而死。许多学者对东部珊瑚蛇和牛奶蛇之间的复杂关系进行了研究,如果非要将这两种蛇类放在一起进行对比,就只能将它们列入贝茨

- 左上图：这是真正的身怀剧毒的东部珊瑚蛇（*Micrurus fulvius*）。
- 左下图：这是完全无毒的牛奶蛇（*Lampropeltis triangulum*）。
- 上图：著名的"假珊瑚蛇"——埃斯库拉皮安拟珊瑚蛇（*Erythrolamprus aesculapii*），这种蛇类有毒，却不致死。

拟态的范畴，即一种无毒的生物模仿另一种有毒生物的外形特征。

现在，让我们来看看第三位主人公：埃斯库拉皮安拟珊瑚蛇。埃斯库拉皮安拟珊瑚蛇有毒，但并不像东部珊瑚蛇那样致命。生物学界对这两种蛇类之间的关系仍没有定论，但从现有的研究结果来看，似乎是身怀剧毒的东部珊瑚蛇反过来模仿了咬人不致死、只致伤的埃斯库拉皮安拟珊瑚蛇，并从中得到了生存优势。因为两种蛇类外表相似，捕食者们很快就能学会不再攻击有类似花纹的蛇类。

对于猎物来说，在搏斗中杀死了捕食者从来都不是什么好事，因为它们战胜的对手已经死亡，无法告诫自己的后代不要再去招惹同一种生物。当捕食者没有机会从战斗中吸取教训时，警戒色就失去了意义。如果仅考虑埃斯库拉皮安拟珊瑚蛇和东部珊瑚蛇，人们可能将它们之间的关系归为缪勒拟态，即两种有毒生物间相互模仿的拟态现象。然而，如果人们将上述3种蛇类放在一起观察，就会发现很难界定这3种动物之间的关系究竟是贝茨拟态还是缪勒拟态。科学家对自然的研究越是深入，就越会意识到，生命之间的联系从不受某种简单规则或模式的束缚。也许，这就是大自然的魅力所在吧！

关于珊瑚蛇的童谣

在珊瑚蛇经常出没的地方，迅速辨别这种有毒蛇类是孩子们的必修课。因此，人们常常用童谣帮助孩子们记忆珊瑚蛇的颜色顺序。关于珊瑚蛇的童谣有很多，其中最著名的是英国童谣："红色并黄色，杀人不眨眼；红色并黑色，你就能生还。"也有其他帮助记忆珊瑚蛇颜色的童谣，例如"红色加黑色，可自由通过；红色加黄色，前方珊瑚蛇"，以及"黑色和黄色，真的珊瑚蛇；红色和黑色，就是骗子蛇"。

聚焦 争议案例

长期以来，左图中的黑脉金斑蝶（Danaus plexippus）和下图中的黑条拟斑蛱蝶（Limenitis archippus）都被认为是一对贝茨拟态的案例。这两种蝴蝶从翅膀颜色到图案都非常相似。

以前，人们认为黑脉金斑蝶有毒，而黑条拟斑蛱蝶则无毒，二者之间的关系属于贝茨拟态。不过最近，科学家们开始质疑这种说法。一系列的实验表明，鸟类在捕食时会自觉地避开黑条拟斑蛱蝶。顺着这种现象继续分析，科学家们发现，黑条拟斑蛱蝶对鸟类来说并非可口的食物，这种蝴蝶在幼虫时期以柳树叶为食，体内沉积了大量的乙酰水杨酸，吃起来有一种苦涩的味道。如此一来，黑脉金斑蝶和黑条拟斑蛱蝶之间的关系就不再是简单的无毒物种模仿有毒物种，而是两种不适合食用的物种相互模仿，属于典型的缪勒拟态的范畴。

■ 上图：黑条拟斑蛱蝶（Limenitis archippus）模仿鸟类十分讨厌的黑脉金斑蝶（Danaus plexippus）。
■ 左图：一群黑脉金斑蝶聚集在一起，看起来十分壮观。当天气回暖，它们会继续北上，完成一段漫长的旅程。

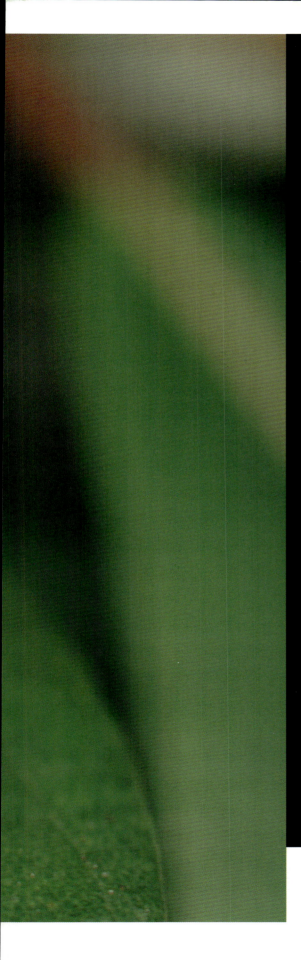

伪装和欺骗

人类常常以为动物在智力和进化方面都不如自己，觉得它们是不会撒谎也不会欺骗的低等生物，但事实并非如此。自然界中，许多动物甚至植物在进化的过程中都发展出了欺骗性的外表和行为——伪装和欺骗并不是人类特有的技能。

伪装者们深谙变形的奥义，它们可以变成比自己更大、更可怕的动物，变成恶心的鸟粪，甚至变成一具腐烂的尸体。它们的模仿逼真到能够让观者相信任何不可思议的事件，就算最伟大的演员也会对此感到自叹不如！通过非凡的拟态现象，动植物们再一次证明，即使在欺骗这种糟糕的事情上，自己也能做得比人类更好。

左图：美洲大芷凤蝶（*Papilio cresphontes*）幼虫从外表到行为都模仿蛇的样子。

动物的谎言

一些动物将声音作为主要武器,奇怪的叫声就是它们最有效的自保技能。如果自己的声音不足以驱赶捕食者,动物们还会模仿最危险的动物发出的声音。小心,动物也会说谎!

享受女王待遇的毛毛虫

嘎霾灰蝶(Phengaris arion)是一种娇小的蝴蝶,它们的翼展长约3厘米,翅膀正面为天蓝色,背面为灰色,第一对翅膀上有黑色的斑点。这种蝴蝶在欧洲和亚洲都有分布,常见于海拔2千米以下的地区,喜欢干旱的山地和阳光充足的陡坡。嘎霾灰蝶的生存条件与百里香和牛至两种植物密不可分,和红蚁(Myrmica)也息息相关。

雌性嘎霾灰蝶每次产卵约300枚,它们习惯将产卵地选在百里香或牛至等植物上,且必须位于沙地红蚁(Myrmica sabuleti)或粗结红蚁(Myrmica scabrinodis)的蚁穴附近。嘎霾灰蝶卵孵化成幼虫后,以百里香或牛至的花序为食,然后经历3次蜕皮,离开植物掉到地面上。此时,幼虫的身体开始分泌一种含糖物质,喜甜的蚂蚁被吸引而来。一旦蚂蚁们靠近,嘎霾灰蝶就会释放与蚂蚁幼虫类似的信息素(生物体产生的一种化学物质,

- 第82~83页，一只嘎霾灰蝶（Phengaris arion）正在食用百里香的花蜜。
- 右图：三只穴小鸮（Athene cunicularia）从抢占来的巢穴中悄悄探出脑袋。

用于生物之间的交流），在信息素的作用下，蚁群不但不会对嘎霾灰蝶幼虫做出任何攻击性行为，还会将它带回自己的蚁穴内。

进入蚁穴后，嘎霾灰蝶幼虫会奉上自然界中最神奇的声音拟态表演：它们能发出与蚁后相似的声音，吸引工蚁的注意力，然后轻而易举地得到食物和保护。假扮蚁后的毛毛虫一般在蚁穴里寄居10个月，其间工蚁们会源源不断地送来蚁卵和幼蚁以供它们取食。嘎霾灰蝶在蚁穴中完成蛹内蜕变，成虫后便从容不迫地离开曾经养育它的蚁穴，没有丝毫留恋之意。

由于嘎霾灰蝶与红蚁之间的关系太过紧密，1979年，沙地红蚁在英国灭绝后，嘎霾灰蝶也随之消失了。红蚁喜欢在阳光下取暖，低矮的草丛是它们最理想的生存环境。随着放牧减少，野草疯长，曾经的家园对它们来说已不再宜居。

后来，生物学家们了解了红蚁消失的原因，也对相关的生物学知识进行了深入研究，最后借用瑞典蚁卵成功地将红蚁重新引入了英国德文郡和萨默塞特郡。

遍地响声

响尾蛇是世界上最著名、最可怕的毒蛇之一，捕食哺乳动物。每次蜕皮后，它们硬化的蛇皮就会堆积在蛇尾，形成一个响环。响尾蛇的尾部末端有许多响环，它们发动攻击前会先摇动尾巴，以响环震动的声音发出警告。这种威胁让敌人闻风丧胆，因此，不少动物遇到危险时会模仿响尾蛇摇动尾巴发出的响声。

西部猪鼻蛇（Heterodon nasicus）生活在北美，是一种美丽的无毒蛇。它们的鼻子上翘，便于掘沙，因而得名"猪鼻蛇"。当西部猪鼻蛇感受到威胁时，就会将身体和头部放平，发出嘶嘶的声音，同时，它们还会左右摇动尾巴尖，并用鳞片模仿响尾蛇发出的响声。西部猪鼻蛇模仿响尾蛇的声音十分逼真，多数情况下都能迷惑敌人，阻

止它们发动攻击,成功脱身。

更令人惊讶的是,一些与蛇类完全不相干的动物也会模仿响尾蛇。有一种猫头鹰叫作穴小鸮(Athene cunicularia),它们的踪迹遍布整个美洲大陆。穴小鸮喜欢在地下洞穴中休息和筑巢,这些洞穴可能是它们自己挖掘的,也可能是强占来的。被赶走的洞穴前主人大多是土拨鼠一类的动物。穴小鸮的声乐天赋极高,雏鸟在巢穴里练习几周,就能完美地模仿出蛇的嘶嘶声以及响尾蛇尾部的响声。

这些威胁性的声音能有效地驱赶前来觅食的哺乳动物。只要穴小鸮发出类似蛇类的声响,所有的鼬科动物都会离穴小鸮的洞穴远远的,它们确信,这些洞穴一定属于它们的天敌。

鸟类拟者

在动物世界之中,鸟类的发声方式最为多样。鸟类的发声器官叫作"鸣管",由气管末端的若干个软骨环组成。所有鸟类的叫声和歌声都来自这个特殊的器官。

鸟类鸣叫的原因多种多样:有

时是为了标记领地、发出警报；有时是为了在飞行中保持鸟群的队形；有时是为了在繁殖季节给雌鸟留下好印象。雏鸟通过聆听并模仿父母的声音学会各种各样的叫声，因为代代"口耳相传"造成的差异，鸟群之间甚至会出现相互无法理解的"方言"。

厉害的鸟类可以学会不同物种的叫声，一些鸟类甚至还能模仿人类活动的声音。松鸦的拉丁名为 Garrulus glandarius，Garrulus 的意思是"聒噪的动物"，顾名思义，松鸦是自然界中嗓门最大的鸟类之一。典型的松鸦叫声与其他鸦科动物的鸣叫声无异，但松鸦还会时不时地模仿其他鸟类的叫声。比如，遇到威胁时，松鸦会毫不犹豫地选择模仿灰林鸮、苍鹰、欧亚鵟等猛禽的叫声，以此抵御潜在的危险；又或是，当松鸦对另一种鸟类的食物产生了兴趣时，它们就会以猫叫声为武器，赶走食物的主人。

声音拟态之王无疑是华丽琴鸟（Menura novaehollandiae）。这种鸟类生活在澳大利亚的森林里，能模仿至少25种鸟类的鸣叫声，还能发出许多森林中常见的声音。一些华丽琴鸟在和人类的密切接触中，甚至学会了人类活动时发出的各种声音。20世纪20年代，一个热爱笛子的家庭养大了一只华丽琴鸟。这只华丽琴鸟在成长的过程中耳濡目染，学会了两段笛音旋律。后来，长大后的小鸟被放归自然，笛音在华丽琴鸟之间传来传去，整个澳大利亚新英格兰地区的华丽琴鸟都学会了这两段旋律。另一个著名的例子发生在动物园里：人们准备在一只华丽琴鸟的住处旁圈出一块地用以安置大熊猫，结果，围栏施工期间，这只华丽琴鸟就学会了锤子、钻头和电锯的声音，模仿得惟妙惟肖。

在繁殖季节，模仿的天赋是雄性华丽琴鸟打动雌性的关键：能唱出悠扬的歌声，还能发出各种各样的声音，标志着一只华丽琴鸟的健康状况良好。

叉尾卷尾（Dicrurus adsimilis）是非洲大陆上的一种雀鸟，它们会利用模仿天赋获得原本不属于自己的食物。正常情况下，叉尾卷尾会在捕食者入侵的时候发出鸣叫，提醒领地内的其他动物有敌人到来。不过，它们可不是什么忠诚的伙伴，当其他动物的食物特别有吸引力时，叉尾卷尾就会从哨兵变成骗子，在没有敌人的情况下放声大叫。这样一来，其他动物就会扔下刚刚收集到的食物四处躲藏，只剩叉尾卷尾留在原地独享丰盛的战利品。后来，当其他动物不再被虚假的警报欺骗时，叉尾卷尾又会模仿其他动物的叫声，吓退食物的主人。叉尾卷尾能够模仿多达45种动物的叫声，23%左右的食物都借由此类诡计获得 ■

■ 左图："大骗子"松鸦（Garrulus glandarius）正在驱赶一只大斑啄木鸟（Dendrocopos major）。

专业骗子

会撒谎的眼睛、刺激性气味、引诱猎物上钩的拟饵、捉弄昆虫的兰花……其实,动物们的骗术可不止于此,不少动物的本质就是纯粹的骗子。

假眼

人们常说,眼睛从不会骗人,但在自然界中,事情并非如此。进化赋予了许多动物"额外的"眼睛,而这些眼睛唯一的用处就是欺骗。

一些动物的身上有着大小不一的圆形斑块,周围有色彩对比强烈的圆环,以突出中间的图案,这就是假眼,也被称作眼状斑。

细带猫头鹰环蝶(Caligo idomeneus)的眼状斑与夜行性猛禽的眼睛十分相似,可以吓退鸟类等天敌。这对眼状斑长在蝴蝶的后翅上,能误导鸟类认为面前的生物是比自己体形更大、更危险的动物,极具威慑力。

美国有一种刺蛾(Automeris),它们的眼状斑中间有一些小小的、闪亮的白点,完美地模拟了光线照射到眼睛里形成的光点。

一些蝴蝶和蛾子的幼虫身上也会有假眼。毛毛虫对许多动物来说都是美味的餐点,但在某些

- 第88~89页图：鹰蛾（Hawk Moth）的绿色幼虫将自己完美地拟态成了一条小蛇。
- 上图：两条钻嘴鱼（Chelmon rostratus）。这种蝴蝶鱼的身体后端有深色眼状斑，能够转移捕食者的注意力，保护最脆弱的部位。

情况下，一些幼虫身上的假眼能帮助它们变身为令天敌闻风丧胆的物种。赫摩里奥普雷斯天蛾（Hemeroplanes triptolemus）是生活在中美洲及南美洲热带森林中的一种天蛾，这种蛾类的幼虫在受到威胁时会将自己的头部藏匿起来，以后伪足为支点伸长身子，给身体前端的胸节充气，让整个胸腔变成三角形，同时露出腹部侧面大大的假眼。此时的毛毛虫仿佛变身成了一条毒蛇！拟态过后的赫摩里奥普雷斯天蛾幼虫与小蛇的相似度令人震惊，它们甚至学到了蛇类受刺激时的姿势和典型动作。

当然，也不是所有的捕食者都会被假眼所威慑。在这种情况下，眼状斑就成了试图分散捕食者注意力的"火力吸引点"。动物身上的眼状斑通常会避开它们身上最脆弱的地方，引导捕食者攻击自己不致命的身体部位。捕食者一般倾向于从猎物前方出击，迎面痛击不仅容易造成重创还可能一击毙命，就算失手也不会给猎物留下逃跑的机会，因为在这种情况下，捕食者还可以利用猎物转身逃跑的时间发动二次攻击。

针对上述攻击特点，钻嘴鱼（Chelmon rostratus）、安达曼岛蝴蝶鱼（Chaetodon andamanesis）以及尾点蝴蝶鱼（Chaetodon ocellicaudus）等蝴蝶鱼便借助假眼把自己给调了个个儿！这些美丽多姿、五彩斑斓的蝴蝶鱼身形圆圆的，从侧面看去又扁又平，它

记事本

巢寄生

大杜鹃（Cuculus canorus）深谙欺骗的艺术，是自然界当之无愧的欺骗高手。它们以独特的"巢寄生"繁殖策略闻名：雌鸟并不会自己养育雏鸟，而是把育雏的任务交给其他物种的鸟类。巢寄生策略面临的首要问题就是如何将卵产在其他鸟类的巢穴里而不被发现。雌性大杜鹃的外形轮廓和羽毛颜色都与当地的猛禽相似，当它们在空中盘旋时，其他鸟类会误以为有天敌入侵自己的领地，从而离开鸟巢。这一段无人看管巢穴的时间，正好足够雌性大杜鹃在自己雏鸟"养父母"的巢中产卵。

第二个问题在于，大杜鹃如何让自己的卵被"养父母"接受，而不被识破呢？在这一方面，大杜鹃的表现堪称专业，它们甚至会特意将自己的卵拟态成与宿主巢中的卵相似的样子！大杜鹃的卵从大小到形状，从颜色到花纹，甚至对紫外线的反射能力（鸟类能够感知到紫外线的波长），都以宿主的卵为模板，保持基本一致。

最后一个需要解决的问题在于，雏鸟得能让"养父母"将它们当作亲生孩子来喂养和抚育。普通杜鹃的卵通常是巢中第一个孵化的，刚出生的雏鸟还没睁开眼睛，就知道用背部将"异父异母的兄弟姐妹"推下巢去，它们有时只会挤出去一个蛋，有时甚至把好多个蛋都挤出鸟巢外。之后，小杜鹃只需要发出比其他雏鸟更加响亮的叫声，并努力张大自己红色的大嘴巴，就能刺激"养父母"给自己喂食了。即使大杜鹃雏鸟比其他的雏鸟体形大很多，"养父母"也会在刺激下本能地优先喂养它们。

上图：一只芦莺（Acrocephalus scirpaceus）妈妈正在喂养比自己体形大很多的大杜鹃（Cuculus canorus）雏鸟，这对养母子的体形明显不相称。

们真正的眼睛非常小，通常以垂直的黑色纹路遮掩起来。这3种蝴蝶鱼的身体末端或背鳍上都有大大的黑斑，用以误导捕食者，将它们的攻击引向假的头部。这样一来，蝴蝶鱼就能保证伤口不危及生命，还能往与捕食者的预期相反的方向逃跑。

最后，我们再介绍一个十分神奇的案例：长在"后方"的假眼。在南美洲大陆上，生活着一种体形小巧的青蛙，它们体长2~4厘米，后腿上有两只假眼，它们就是纳氏泡蟾（Physalaemus nattereri）。每当纳氏泡蟾受到威胁时，就会让身体膨胀起来，蹲在地上，抬起后肢，露出身体后方大大的黑色假眼。它们的假眼中央有一个毒腺，分泌的毒液能够杀死足足150只老鼠！

眼睛看到的或许是假象

有一种拟态方式无比天才，同时也令人作呕，那就是模拟鸟粪！好几种动物都不约而同地采用了类似的策略，为了使拟态尽量逼真，它们不仅得呈现出类似的颜色，还必须模仿粪便的状态。

美洲大芷凤蝶（Papilio cresphontes）、胡桃褶翅尺蛾（Apochima juglansiaria）和大窗钩蛾（Macrauzata maxima）的幼虫都是模仿鸟粪的高手。它们共同的特点是外表颜色较深，有不规则白色斑块。当它们停在绿叶上时，会将

自己的身体扭曲成奇怪的样子，保持绝对静止。因为它们模仿得实在太逼真，就连喜食毛毛虫的鸟类都对它们敬而远之。

丽木虎蛾（*Eudryas grata*）和珍珠树灵蛾的成虫也不遑多让：当它们在树叶或树皮上休息时，会尽可能地将身体放平，前腿前伸，模仿鸟粪的形态。这两种蛾类的颜色本身就具有很强的混淆性，它们的身体姿态更加强了模仿的效果。

拟饵

有时，拟态活动中的拟者并非动物本身，而是动物身体的一部分，例如用以吸引猎物的拟饵。说起诱饵，人们首先想到的就是鱼类，特别是钓鮟鱇（*Lophius piscatorius*）。

钓鮟鱇大部分时间都生活在热带水域的沙质海底，它们身形扁平，嘴部向上，又宽又阔的嘴巴能够吞下两倍于它们的猎物。钓鮟鱇最奇特的部位就是它们自带的"小灯泡"：第一背鳍向外延伸，绕过头顶，末端长了一个小小的肉垂，上面还有些毛边。这个部位叫作"拟饵"，看起来就像是一支钓竿。钓鮟鱇的捕鱼技术几近完美：它们先将身体埋在沙子下面一动不动，再悄悄地伸出自己的拟饵，控制拟饵动来动去吸引猎物。一旦有小鱼被吸引过来，钓鮟鱇就慢慢将其诱导至嘴巴上方，以迅雷不及掩耳之势把它们吞进肚子里。

真鳄龟（*Macrochelys temminckii*）的捕猎技术比钓鮟鱇还要高明，因为它们的拟饵本身就长在嘴里。这种淡水龟生活在北美，体长可达近2米，重量可达100千克。真鳄龟狩猎时，会伏在海底一动不动，大张着嘴巴，只移动舌头上的红色蠕虫状肉突，吸引猎物走进陷阱。猎物上钩后，真鳄龟唯一需要做的动作就是吞咽。

有些动物也会以某种特殊行为作为诱饵，例如妖扫萤（*Photuris*）属萤火虫。萤火虫的身体拥有特定的发光部位，通过化学反应产生光亮。夏夜中，不同种类的萤火虫按照自己特定的频率不断闪烁，吸引同类进行繁殖活动。这场景似乎非常浪漫，可妖扫萤属雌萤火虫的行为却破坏了浪漫的氛围：它们会模仿其他种类萤火虫的光信号，吸引来异性，然后……吞掉它们。20世纪70年代，博物学家吉姆·劳埃德给这些妖扫萤属雌萤火虫起了个绰号，叫作"致命雌虫"。

链球蛛

有些动物没有天生的拟饵，但可以自己制作诱饵，灵巧的链球蛛就是其中之一。古时候，我们的祖先常用一种两端绑有重物的锁链狩猎，这种武器名为流星锤，链球蛛的俗名"流星锤蛛"即来源于此。链球蛛不织网，只结成一根水平的蛛丝，它们潜伏在蛛丝上，从中间开始编织一条垂直的细线，细线下端的重量和黏性都远超蛛丝的其他部分。当诱饵蛛丝开始摆动，就会吸引猎物并将其困住。哈氏乳突蛛主要以*Tetanolita mynesalis*和*Lacinipolia renigera*两种飞蛾为食。美国肯塔基大学的一项研究发现，哈氏乳突蛛的诱饵中甚至还有模仿这两种飞蛾的雌性信息素的物质。由于这两种飞蛾的雄性在一天中的活跃时间不同，哈氏乳突蛛甚至能根据想要捕捉的飞蛾生产不同的信息素。事实再一次证明，大自然比人类更富有创造力。

嗅觉拟态

我们在介绍模仿响尾蛇的响声的动物时，已经认识了夜行性猛禽穴小鸮（*Athene cunicularia*）。穴小鸮雏鸟为了自保学会了模仿蛇类的声音，而它们的爸爸为了保护孩子，也想出了非常机智的办法：用晒干、切碎后的马粪掩盖洞口。即使没有马粪，雄鸟也会想办法用其他的材料伪饰巢穴。例如，城市地区不容易找到粪便，穴小鸮就会找来碎纸、塑料袋、贝壳甚至烟头替代。针对雄鸟的这一习惯，学者们进行了大量研究，最合理的解释似乎是雄鸟在利用这些材料掩盖洞穴里雏鸟的气味。事实证明，对比没有任何伪装的巢穴，伪饰过的巢穴被捕食者发现的概率确实更低。这是嗅觉拟态的一个完美的案例。

■ 左图：一只真鳄龟（*Macrochelys temminckii*）张大了嘴，露出舌头上的拟饵，引诱猎物上钩。

聚焦 花朵还是昆虫

蜂兰属（Ophrys）兰花在欧洲、亚洲和北非都有分布，这种花没有花蜜，却仍能吸引很多昆虫前来拜访。为了吸引昆虫，蜂兰采用了一种独特又有效的策略——性吸引。蜂兰的外形相当古怪，1745年，著名瑞典博物学家林奈首先意识到，这种兰花中有一片花瓣很容易被误认为某种昆虫。

蜂兰最中间的一片花瓣叫作唇瓣，这是它们精心打造的拟态部位。蜂兰的唇瓣模仿了雌性膜翅目昆虫（如蜜蜂、黄蜂、雄蜂等）的外形，甚至高度还原了它们腹部的毛发、形状和颜色，花瓣中间有一块富有光泽的浅色斑点，被称为"镜子"，模拟昆虫翅膀反射出的光。除视觉欺骗外，蜂兰还能散发出与雌蜂相同的信息素，保证雄蜂在很远的距离之外也能发现它们。一旦远方的雄蜂接收到来自蜂兰的化学信号，就会动身前去寻找这些花，试图与之进行交配，而且丝毫不会意识到自己的错误。这种行为被称为"拟交配"。在这个过程中，带有黏性物质的花粉会趁机沾在雄蜂身上，等待着被带到下一朵花上。蜂兰在模仿方面非常专业，每种兰花只具体模仿一到两种昆虫，但这同时也是它们的致命弱点——相应的授粉昆虫灭绝也可能导致某种兰花的消失。

■ 左图：角蜂眉兰（Ophrys speculum）的花朵模仿雌性授粉昆虫的气味和外表，吸引雄蜂前来授粉。

假死求生

当一只已经失去求生希望的猎物想从捕食者的攻击下幸存时,它们能做的最后一件事就只剩下假死。

假死

假死行为是动物们最特殊、最神奇的行为之一,术语"假死"(tanatosi)在希腊语中的含义正是"死亡"。在极端危险的情况下,许多动物都会自发模拟一种死亡状态,作为最终防御策略。当猎物们已经无法逃脱或已经被捕食者抓住时,装作已经死亡可以非常有效地避免引起捕食者的新一轮致命攻击。

肌肉长时间紧张和过度收缩就会引起假死。在这种生理状态下,动物们会表现出无法动弹、全身僵硬,甚至麻痹和无知觉等症状。部分脊椎动物的假死状态则会表现为呼吸微弱、心跳缓慢、舌头伸出、双眼圆瞪,同时释放出一些难闻的物质。动物们的假死状态短则持续几分钟,长则持续几个小时,只要没有受伤,它们就能在一段时间后恢复到原本的生理状态,就像什么

- 第96~97页图：西部猪鼻蛇（*Heterodon nasicus*）嘴巴张大、腹部朝天，做出死亡的样子。
- 上图：假死界的模范北美负鼠（*Didelphis virginiana*）可以保持假死状态长达6个小时。
- 右图：水游蛇（*Natrix natrix*）假死时会口吐鲜血，为自己的骗术增加真实性。

事也没有发生过。

可是，捕食者有什么理由放过一个已经没有反抗能力，只能等着被吃掉的猎物呢？因为除了食腐动物，其他捕食者很少以已经死去的动物为食。动物死后会经历被微生物分解的过程，它们的肉质已经不再鲜嫩，甚至可能有毒。假死期间，猎物会排放出尿液、粪便以及含恶臭气味的液体，这些物质与腐肉闻起来非常相似，能够有效地屏退只爱食用新鲜食物的捕食者。当捕食者对面前的猎物失去兴趣并减少关注时，假死的动物会迅速"复活"并快速逃离现场，不过有时，它们也会在捕食者离开之后才恢复意识。

许多动物都将假死当作保命的手段，这证明假死策略的确有效。不过，由于研究人员无法预测假死行为会在何时何地上演，且人类在场的条件下，不少捕食行为会被迫中断或根本就不会发生，科学家们很难对动物在野外环境中的假死行为进行充分的研究，我们对假死的了解仍待加深。对人类来说，动物的假死行为仍是一件十分神秘的事情。

死亡骗术的技巧

毫无疑问，负鼠是假死动物中最具代表性的动物。英文里的"负鼠"一词甚至延伸出了"装死、装傻"的含义。（俗语 playing possum，即"装死、装糊涂"的意思。）

北美负鼠（*Didelphis virginiana*）是伪造死亡假象的专家。遇到危险时，北美负鼠会先龇出尖尖的牙齿，用两条后腿撑起身子，让自己看起来更加高大威猛；但当它们发现自己正处于极度危险之中，单纯的恐吓已经不足以为自己争取到逃生机会的时候，就会马上倒地不起，像是患了紧张症。此时，北美负鼠会一动不动，让身子以一种扭曲的姿态偏向一边，眼睛圆睁，目光呆滞，嘴巴半张着，吐出舌头。为了让捕食者相信自己正在腐烂，除排放尿液和粪便外，北美负鼠还会从肛门腺分泌出一种散发着恶臭的黄绿色液体。同时，它们的心率会下降46%，呼吸频率减少31%，体温下降1摄氏度左右，就像进入了真正的昏迷状态。北美负鼠最长能保持这种状态6个小时！

由于北美负鼠的假死状态实在是太逼真了，大多数人都无法分辨，野生动物保护组织甚至发出倡议，建议人们遇到看起来已经死亡的负鼠时，不要急于把它们扔进垃圾箱或直接埋在土里，因为这些小东西随时都可能苏醒。

奥斯卡最佳演员

在所有的蛇类之中，能和负鼠争夺最佳演员奖的只有两种蛇：会模仿响尾蛇的声音，还会假死的西部猪鼻蛇（*Heterodon nasicus*）；以及以假死著称的水游蛇（*Natrix natrix*）。这两种蛇进入假死状态时，都会扭曲蛇身，翻出腹部，然后张大嘴巴，伸出舌头，同时露出泄殖腔，释放令人作呕的气味，最后保持一动不动。不过，为模仿

▶ 假死也要有所选择

某些动物只有部分个体能够假死，也有一些动物只在特定的生命阶段拥有假死技能。例如，在所有的丽纹带蛇（*Thamnophis elegans*）中，只有怀孕的雌蛇能在极端情况下触发假死技能。科学家认为，这是因为怀孕的雌性与同一物种的其他个体相比，逃生能力有所下降，因此它们能短暂地获得这一保命的技能。

红火蚁（*Solenopsis invicta*）的蚁群内也会有这种奇特的情况出现。当两群红火蚁之间发生频繁的冲突时，年轻的工蚁会选择假死，而年长的工蚁则无畏地战斗。生物学家们对此进行深入研究后发现，年轻工蚁的外骨骼弹性较差，因此更容易受到伤害；而年长的工蚁则更强壮、更有经验。同时，在战斗中消耗年长工蚁，也能为蚁群保存年轻的力量。

的真实性增色最多的还是它们的特殊技能——吐血。水游蛇和西部猪鼻蛇可以控制口腔黏膜的一些毛细血管主动破裂，让血液从嘴里流出来，令自己本就狼狈的样子显得更加凄惨。

不少鸟类也有装死的本事。拥有假死技能的鸟类包括好几种鸭、鹌鹑以及美丽的普通翠鸟（Alcedo atthis）。鸟类学家都知道，研究和监测过程中，大多数被捕的鸟都会尽力挣扎或试图逃跑，但如果被控制的鸟是一只普通翠鸟，那么它几乎立即就会脑袋一歪、脊背变僵，开始装死。

两栖动物之中，关于假死记载得最多的要数枯叶蛙（Ischnocnema henselii），这种生活在巴西的蛙类装死时会把整个身子翻转过来，露出腹部并闭上眼睛，四肢向后自然下垂。鲁弗斯小黑蛙（Leptopelis rufus）假死时，嘴里会释放出一种类似氨气的物质；多彩铃蟾（Bombina variegata）和红腹铃蟾（Bombina bombina）在假死过程中会亮出自己腹部的警戒色，告诫捕食者自己是有毒或不适宜食用的动物。

假死的其他原因

假死是一种特殊的动物行为。近年来，学者们对其进行了深入研究，也得到了一些意想不到的发现。例如，日本羊角蚱（Criotettix japonicus）假死的目的其实不是让捕食者远离自己，而是避免被它们吞下肚去。假死的日本羊角蚱不仅会全身僵硬，还能使自己的身体膨胀，让身上的刺都竖起来，这样一来，它的主要天敌黑斑侧褶蛙（Pelophylax nigromaculatus）就没法将它一口吞下了。不幸的是，螳螂、蜘蛛和鸟类根本不会一口吃掉自己的食物，因此，当日本羊角蚱遇见这些捕食者时，就算把浑身的刺全都竖起来也没用，在这种情况下，日本羊角蚱甚至干脆放弃尝试假死的办法。

假装受伤

黑翅长脚鹬（Himantopus himantopus）是生活在沼泽附近的水禽，拥有一双纤细修长的红腿和一张细长的喙。黑翅长脚鹬的巢穴通常建在潮湿的沼泽植被或浅水里。在雏鸟成长期间，黑翅长脚鹬父母会表现出一种特殊的行为：每当有捕食者靠近它们的孩子时，父母就会极力表现出受伤的模样，分散捕食者的注意力。黑翅长脚鹬父母通常会做出翅膀或腿部受伤的样子，拖着身子艰难地向前挪动。为了进一步吸引捕食者的注意力，它们甚至还大声鸣叫，设法让捕食者放弃寻找巢穴，转而追赶自己。将捕食者引到离巢穴一定距离之外并确保雏鸟安全后，黑翅长脚鹬才会恢复正常行动，匆匆飞走。

■ 上图：假死状态的多彩铃蟾（*Bombina variegata*）露出警戒色，向捕食者表明自己的毒性。

2 求爱仪式

概述

保障物种延续性

生命万物都离不开繁衍，任何物种都必须进行繁殖，如此才能将它们的基因传递给后代，而后代又继续将基因传给后代的后代，如此往复，代代相传。

繁殖

随着时间的推移，各个物种为延续自己的DNA，设计出了千奇百怪且越来越复杂的方法来追求伴侣，进行繁殖。动物界的繁殖有时候并不需要通过性行为来完成，这听上去可能有些不可思议，但事实上，许多物种都是无性生殖的，所以不必进行任何求偶仪式。在这些情况下，生物只需进行自我克隆，产生与自己有着相同遗传基因的后代即可。这种生殖方式的优点是短时间内能够产生许多后代，节省大量时间精力。假若子代和亲代不完全相同，那么便是因为细胞分裂过程中随机发生了DNA突变。无性生殖产生克隆子代，能够将子代的变异降到最低限度。纵观地球的生命进化史，无性繁殖是最早出现的繁殖模式。如今，某些几千年前只进行有性繁殖的物种又重新开始进行无性繁殖，如健肢蜥属（Cnemidophorus）的某些物种就是孤雌生殖的典型代表。还有些物种部分进行孤雌生殖，例如，竹节虫目的某些昆虫由罕见的雄虫和较为常见的雌虫交配产生的卵发育而来，但通常情况下，它们会直接进行孤雌生殖，无须雄性参与，产生的后代即为母体的雌性克隆体。

人们在研究这些昆虫时可能会想，在动物王国里，甚至是在人类世界中，为何耗费时间、精力进行求爱和交配的现象如此普遍？实际上，求偶仪式和有性生殖对物种的生存和进化都至关重要，因为这确保了基因多样性，使得物种能够做好万全的准备。无性繁殖的动物则难以变异。所以，虽说有性生殖更加耗费能量，但却能在单个物种内产生更丰富的变异，提高了生物适应变化的环境和抵御疾病的能力。又例如，蚜虫和某些如轮虫等小型水生动物通常进行无性繁殖，而当环境条件变化较大时，它们就会利用有性繁殖来产生更多性状多样的后代，希望其中一些后代能够发展出优良特质，以适应新环境的生存

- 第102~103页图：两只跳着求偶舞蹈的灰冠鹤（Balearica regulorum），起舞时它们相互鞠躬和追逐，伴随跳跃发出高亢的叫声。
- 第104页图：流苏鹬（Calidris pugnax）正在求偶场内展示着它的羽翼。
- 上图：一对费氏牡丹鹦鹉（Agapornis fischeri）坠入爱河。
- 右图：雄性山魈（Mandrillus sphinx）鲜艳的面部特写。
- 第108~109页图：由雄性、雌性和幼崽组成的狮尾狒（Theropithecus gelada）族群正依偎在一起取暖。

条件。

　　进行有性繁殖的物种还须考虑另一因素，即雌性对于伴侣的选择。这种选择机制称为"性选择"，假若雄性能够赢得雌性的青睐，那么就能够将自己的基因传承下去。因此，雄性通常会进行一系列展示行为来吸引雌性，这种带有特定目的的行为也就成了求偶仪式中不可或缺的部分。这也解释了为何雄性动物通常用显眼的角和毛发或羽毛来装饰自己，以及为何它们的外衣在每年的特定时期会色彩纷呈，甚至有时候，雄性还会尽力为配偶带去些美味的零食，或是为它们筑造舒适的居所。所以，在某些情况下，性别二态性是很重要的，只有这样，雌性才能一眼辨认出雄性的不同特征。如灵长类动物中，狮尾狒（Theropithecus gelada）或山魈（Mandrillus sphinx）的雄性都拥有显著的第二性征，具有鲜艳的色彩。雄性狮尾狒胸部的无毛处有着鲜红的皮肤；而雄性山魈泛着些许蓝色的面孔上有只赤红的鼻子，臀部的颜色也很显眼。嗅觉在有性繁殖中也扮演着重要角色。许多动物，从昆虫、鱼类和爬行动物，再到两栖动物和哺乳动物，都会分泌挥发性化学物质，吸引并诱惑它们的伴侣进行交配。这种化学物质称为"信息素"，仿佛某种名副其实的爱情灵药。

　　完成交配后，卵生动物或卵胎生动物将会产卵，胎生动物则分娩出幼体。胎生动物的幼体在母体内完成发育，由母体直接提供营养，人类便是如此。我们一般说的卵生动物指通过产卵进行繁殖的动物，既包括卵生动物也包括卵胎生动物。卵生动物生产的卵不一定能够孵化，其幼体在母体以外发育。

- 上图：一对欧洲白鹳（Ciconia ciconia）伫立在鸟巢里。
- 右图：在这群欧洲马鹿（Cervus elaphus）中，雄鹿看管着它的伴侣们。
- 第112～113页图：两只蓝脚鲣鸟（Sula nebouxii）跳着滑稽的求偶舞蹈。
- 第114～115页图：在求偶仪式的最后阶段，两只帝企鹅（Aptenodytes forsteri）面对着面，伸出脖子。此时此刻，这对帝企鹅已经结为伴侣，接下来便可以在聚居地寻找筑巢点了。

卵可以产在枝丫间温暖柔软的巢中，也可以产在水中安全的避风港里；假若是在陆地上，就可以产在深深浅浅的洞穴中，或是产在结构坚硬的卵鞘里，卵鞘能够容纳和保护动物的卵。卵生动物大多数都是无脊椎动物，如腔肠动物、软体动物、棘皮动物和节肢动物。不过，还需要注意，许多脊椎动物也会产卵，如鱼类、两栖动物、爬行动物和鸟类，以及如属于单孔目动物的针鼹和鸭嘴兽等特殊哺乳动物。这些奇怪的哺乳动物虽然产卵，但在孵化后也会用母乳喂养幼崽。卵胎生动物同样也会产卵，但卵会留在母体或父体内被保护和孵化。当卵孵化时，后代已完全成型。许多鱼都是卵胎生动物，其中最为人熟知的是海马和几种软骨鱼，如大白鲨（Carcharodon carcharias）、石纹电鳐（Torpedo marmorata）、双吻前口蝠鲼（Manta birostris）和隼鲼（Myliobatis aquila）。另外，爬行动物纲中，通常由于气候条件等环境因素，有些物种也会采用卵胎生的繁殖方式，如毒蝰（Aspis aspis）和盲缺肢蜥（Anguis fragilis）。

最后，在大自然中，有性生殖的动物中存在着各式各样的"婚配制度"。最著名的是单配偶制，即雄性和雌性在数个繁殖季甚至终身建立起排他性的生殖关系。最为人所知的例子有欧洲白鹳（Ciconia ciconia）、牡丹鹦鹉（Agapornis）、信天翁科（Diomedeidae）以及帝企鹅（Aptenodytes forsteri）。然而，更加普遍的是多配偶制，即一夫多妻制或一妻多夫制，

前者情况下，起主导地位的雄性与其物种中的多个雌性进行交配，这些雌性通常聚集于一个"后宫"之中，如欧洲马鹿（Cervus elaphus）、南象海豹（Mirounga leonina）和松鸡（Tetrao urogallus）。一妻多夫的情况则更加罕见，即一只雌性与多个雄性交配，并将后代的抚养权交予这些雄性。这种繁殖方式在鸟类中相对更加普遍，如环极地筑巢的一些雁类就是典型案例。在极地，有利于雁类繁殖的时间仅有数周。

爱的开场白

对于许多动物而言，求偶是成功交配的必要条件，因此对于物种自身的延续和维持地球上的生物多样性而言至关重要。要顺利求偶，这些物种的雄性不仅要完成复杂的求爱仪式，还要为此做好万全的准备。有些雄性会完全改头换面，身着无比艳丽的色彩，或是彻底改变身体某些部位的形状。有时候，它们还会配备特殊的"乐器"，好为伴侣献上一首令人难以忘怀的小夜曲，或是披上光彩夺目的礼服与未来的伴侣共舞。有时候，雄性必须向雌性证明自己是出色的建筑师，或是比其他雄性有更强的保护能力，能够确保雌性以及后代的安全。简而言之，其他动物也和人类一样讲究约会，做好婚育准备需要花费大量的时间和精力，也需要具备足够的能力和耐心。

■ 左图：两只雄性黑腹军舰鸟（*Fregata minor*）正在追求一只雌性，而雌性非常认真地端详着两只雄性，观察着它们之间的较量。

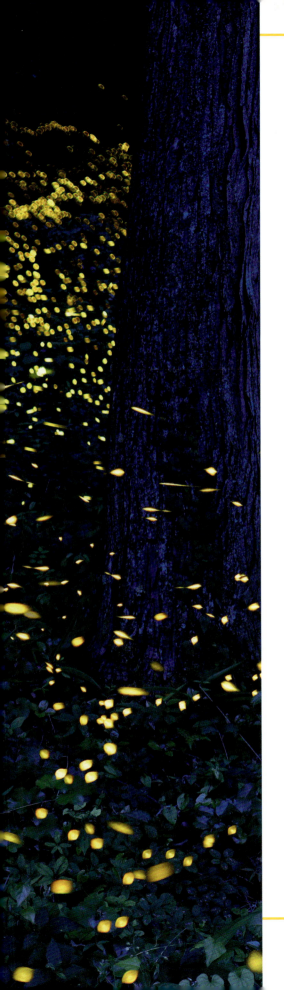

无法抗拒的魅力

昆虫都是浪漫的情人,为此它们要时常保持聒噪,发出亮光。散发魅力是昆虫繁衍不可或缺的环节,但也会使得它们因暴露在天敌面前而殒命,特别是对于雄性而言。雄性通常会因为展示自己而不幸沦为捕食者的盘中餐,但无论如何,繁殖的冲动仍然驱使着它们铤而走险。

闪亮的爱人

萤火虫属于萤科(Lampyridae)甲虫。温暖的夏夜里,萤火虫时常进行浪漫的灯光表演,它们也因此而闻名于世。几乎所有种类的萤火虫都非常易于区分雄性和雌性:雌雄两性都有翅膀,但雄性的身体更为修长,经常低空飞行;而雌性则较少飞行,一般只会出现在地面上。求偶阶段,这些昆虫能够发光,亮光由3种物质发生化学反应而产生,即名为"荧光素"的色素、作为催化剂(控制化学反应速率)的荧光素酶以及氧气。在氧

时间随萤火虫的具体种类而发生变化，发光的颜色也存在差异。

无风的夏夜里，萤火虫的灯光表演从黄昏拉开序幕，一直持续到凌晨，等到温度和湿度条件不再适于求偶时才结束。每当夜幕悄然降临，萤火虫便开始发光，发光的颜色和节奏因物种而异，因此，雄虫就能够轻而易举地辨认出与自己同种的雌虫，而不必浪费时间去追求错误的雌虫。如果追求顺利，雌虫便也会用闪光来回应雄虫的信号，如果在短时间内没有新的求爱者出现，那么雌虫发光将持续数小时。萤火虫的求爱仪式总共可以长达十几天。

记事本

是求爱信号也是防御武器

青蛙的鸣叫、鸟类艳丽的羽毛或鱼类的求偶之舞时常使得这些动物陷入危险，而萤火虫的光芒反而能够极好地威慑捕食者。另外，昆虫发光所需的化学物质的味道非常难吃，且许多捕食者都无法消化它们。假若有哪只倒霉的蝙蝠不幸品尝了萤火虫，那么在吐出萤火虫后的几个小时内，它会持续流口水和呕吐。有些萤科幼虫也会发光，研究人员推测，萤火虫的光芒最开始是用于警告捕食者的防御武器，后来才成为它们之间求爱的信号。

■ 第118~119页图：夏季的夜晚，日本四国岛的森林中聚集了大量的源氏萤（Luciola cruciata），打造出一幅奇幻的景象。
■ 上图：一只雌性发光虫（Lampyris noctiluca）通过生物发光照亮腹部，等待雄性的到来。
■ 右图：两只萤火虫正在发光以吸引配偶。

气和催化剂的作用下，荧光素发生冷光反应。这种反应发生在萤火虫腹部最后几节的发光器中，其中有由尿酸组成的一些晶体、含有大量线粒体（细胞的"能量中心"）的发光细胞，以及许多神经末梢和能够通过氧气的细小管道。肌肉纤维自主运动可以控制氧气的量，从而调节发光强度。最后，这部分腹部的外骨骼是透明的，可以透光。萤火虫发出的光在15米外仍然可见，不同频率的闪光顺序和发光的持续

▶ 致命之光

在北美，有些妖扫萤属（Photuris）的雌性萤火虫能够模仿其他种类萤火虫的发光模式（攻击性拟态）。这种做法不是为了吸引潜在的伴侣，而是为了捕食。有意图交配的雄虫一旦接近，雌虫便会立马抓住它美餐一顿。

■ 左图：一只雄性即螽斯（Tettigoniidae）正在摩擦翅膀发出尖锐的声音。这种声音在人类听来非常刺耳，却大受雌虫喜爱。
■ 上图：一只繁殖季中的帝王巨螂蝉（Megapomponia imperatoria）正在树枝上休息。

聒噪的爱人

为了吸引雌性，许多昆虫都会用各种身体部位发出声音，其中最著名的要数蟋蟀和蝉。不过，许多其他昆虫，如甲虫、蚂蚁和苍蝇也能发出奇怪的声音。

人们研究得最多的是蟋蟀的声音，蟋蟀体内有特殊的结构能够发出声音来吸引雌性和划定它们的领地。直翅目动物（例如蟋蟀、蚱蜢和蝗虫）的声音是由锯齿状的音锉和刮器发出的。音锉通常位于翅膀上，有些蟋蟀的音锉也长在最后一对足上。刮器由同样呈锯齿状的镜膜和弦器组成，镜膜分别位于两对翅膀上，弦器则位于镜膜上方。音锉和刮器相互快速摩擦，产生一组声音，但由于摩擦速度非常快，一组声音和一声鸣叫听起来没有区别。

当然，不同种类直翅目动物的发声结构和持续时间差异较大，例如蝉科（Cicadidae）不通过摩擦身体部位，而是通过振动腹部两侧的发声器发声。在夏季，每当蝉准备交配时，雄蝉就会爬到植被高处，重复发出尖锐而单调的声音，极具辨识度。雄蝉的腹部有两块小膜，能够通过两块肌肉快速振动发声，声音在蝉体内共鸣放大，能够达到将近100分贝。雌虫能够通过雄蝉的发声来选择自己的最佳伴侣，雄蝉的声音越响亮，就说明它耗费的能量越高，身体也更加健壮，其DNA中的优良性状就有可能遗传给后代。■

鱼界唐璜

在鱼类中,求偶仪式的准备工作对雄性要求极高,雄性不仅要掌握杂技和舞蹈,还需要展示如何利用沙子、水生植物和气泡等材料来筑造巢穴。有时候,它们甚至还要改变自己的体型。

白点窄额鲀

白点窄额鲀(*Torquigener albomaculosus*)是"气球鱼"的一种,它生活在日本海,最近才被发现和记录。这些鱼闻名的原因是它们能够在沙质海底建造出复杂的圆形"沙雕",令人惊叹。这些"沙雕"的深度可达30米,直径可达约2米,清晰可见,用以吸引雌性前来。1995年,奄大美岛附近的潜

- 第124～125页图：两只白点窄额鲀正在眉目传情：雌性产卵时，雄性会"轻吻"它的脸颊。
- 上图：一只雄性白点窄额鲀正准备用沙子建造自己的巢穴。
- 右图：白点窄额鲀的巢穴中，沙谷和沙丘从圆心向外辐射，圆圈中央的舞台清晰可见，建筑完成后，雄性会在圆圈中央表演求偶舞蹈来吸引雌性。

水员首次观察到白点窄额鲀，而当时，对于全世界的鱼类学家来说，它们用沙子筑成的神秘环形仍然是未解之谜。直到2011年，人们终于拍到了一只正准备打造"沙雕"的雄性白点窄额鲀，沙子堆成的"沙谷"和"沙丘"从圆心向外辐射，形成漂亮的环形"浮雕"。雄性白点窄额鲀需要紧锣密鼓地工作整整9天才能建成一个巢穴。首先它们会粗略地勾勒出圆形轮廓，然后再用鱼鳍和鱼尾掀动沙子，将它们堆成小沙丘来装饰点缀。建造过程中，雄性沿着一条直线从圆圈的边缘向圆心来回游动，在圆的半径上推出沙谷，凹纹的大小恰恰与雄性的体形相对应，雌性便可以通过观察凹纹来选择伴侣。圆圈的中间部分是雄性未来进行求爱仪式的舞台，因此，它会将沙子铺平，且游动得更加随意。随着沙谷和沙丘的轮廓逐渐显现，中央平整部分的面积不断扩大，圆形巢穴也不断完善。与此同时，雄性还会筛选沙砾尺寸，将较小的颗粒从沙丘上清除，放置在其他地方。工作的收尾阶段，雄性则会集中处理圆形中央的部分，用臀鳍将细沙聚集在一起。最后，它们还会用贝壳、珊瑚或卵石碎片来装点"沙雕"的顶部。

雌性通常会观察雄性筑巢，还会不时拜访正在筑巢的雄性。假若雌性认为圆形巢穴符合自己的喜好，同时也不拒绝雄性的追求，

两只白点窄额鲀就会开始交配。然而，一旦雌性完成产卵，雄性就不再维护它们的巢穴了，精心筑造的"沙雕"也会慢慢被海流冲散。这也是为何，在每个交配季节里，白点窄额鲀都会重新选址筑巢。

慈鲷

慈鲷科（Cichlidae）又称丽鱼科，它们生活在美洲中南部和非洲水域。慈鲷科鱼类种类繁多，生活方式千差万别，但它们的独特求偶仪式却有着共同的特点，十分壮观。在慈鲷科中，最著名的要数那些生活在非洲最古老和最深的湖泊——坦噶尼喀湖，以及生活在非洲第三大湖——马拉维湖中的鱼种。两个湖泊都是南北延伸的东非大裂谷的内湖泊。

雄鱼在求爱时能够通过它们身上鲜艳的颜色，再结合特殊的舞蹈，让对应物种的雌鱼认出自己，同时向它们展示自己的健康状况。马拉维湖中的一些种类的雄鱼因它们出色的建筑技术而闻名，求爱时，它们建造出复杂的建筑结构，以展示自己的才华。这些建筑可能由宽达2米的圆形洞穴组成，洞穴附近有由碎石堆成的简单边界。

雄鱼通常会在洞穴中央展示自己斑斓的外衣，透过水面的阳光更是让它们的外衣光彩夺目。雄鱼的巢穴之间通常相距不远，有时甚至还相互连通，方便随时扰乱竞争者们的心情。除了筑造巢穴和献舞求爱，雄鱼还需要竭尽全力去维护它们的"舞台"，防止自己的领地被蛰伏在近处和舞台幕后的竞争者们破坏。如果雌鱼认可某只雄鱼，那么就会游入它的沙圈，接着，雌雄两鱼开始一同跳起求爱舞蹈，狂热地转圈，直到雌鱼突然停下，开始产卵。

研究马拉维湖慈鲷的鱼类学家们发现，慈鲷科鱼类的求爱模式会随着它们所处水域的深浅而改变。

记事本

丽鱼之歌

众所周知,鱼类能够发出各种声音进行交流,特别是在求偶期间,因此,意大利语中"静默如鱼"(muto come un pesce)的说法其实并不符合实际情况。慈鲷科的某些鱼类在求偶期间会发出声音,如莫桑比克口孵非鲫(Oreochromis mossambicus)在整个求偶期间都会唱起"婚礼歌";而其他鱼种,如斑马拟丽鱼(Maylandia zebra)只会在求偶初期发出声音。雌鱼能够通过雄鱼发出的声音辨认出同种类的雄性,同时获晓它们的健康状况,选出最优秀的伴侣。

■ 左图:一对眼带双耳丽鱼(Biotodoma cupido)守卫着它们巢穴的入口。
■ 上图:一条雄性莫桑比克口孵非鲫正在看守自己的巢穴。

低于15米深的浅水区光线充足,雄鱼会建造较浅的圆形舞台。而假若深度继续增加到30米以上,那么随着光线逐渐减弱,雄鱼就会改变建筑技法,挖出隧洞,表演更加复杂和精彩的舞蹈,表演持续时间也更长,甚至可达光线充足水域雄鱼舞蹈时间的两倍。

三刺鱼

雄性三刺鱼（Gasterosteus aculeatus）在繁殖季节会换上新衣。其头部下方和腹侧会呈现出比平时更加鲜艳的红色，虹膜则呈现出蓝色的色调。该物种的雄性极具领地意识，不允许任何对手进入它们的地盘。

一旦雄性三刺鱼找到最佳地点，它们便开始筑巢来吸引雌性的注意。正式开始前，它们会在浅水区挖一个约10厘米深的洼地，将水生植物和泥沙堆积在内，再用肾脏分泌的蛋白质黏液将它们粘成一个球；接着，雄性三刺鱼会将这个球从两侧刺穿，好让其中能容纳一条雌性三刺鱼。万事俱备后，雄鱼就会引诱雌鱼入内。发出邀请时，雄鱼会跳起一支复杂的舞蹈，不仅要一边左右扭动身体，一边曲折前进，还要将头部反复伸进洞口，好让雌性模仿自己的动作。求爱过程中，雄鱼会特别展示自己腹侧的红色，色块的深浅和大小都决定着求爱的成败。三刺鱼身上的红色来源于类胡萝卜素，属于有机色素，可以通过进食摄取。假若雄鱼的饮食不够好，那么红色便会明显变淡。不过，雌鱼择偶时需要考虑的因素不止于此，假若雄鱼能够造出伪装良好的巢穴，那么它就是优先考虑的对象。隐蔽的巢穴能容纳大量鱼卵，同时，也能保护雄鱼不会沦为

- 左图：一只雄性三刺鱼打算在此筑巢。
- 上图：一只雄性三刺鱼正在向伴侣示意巢穴的入口，引诱它进入其中。

它们的主要捕食者——鸟类口中的食物。假若巢穴过于显眼，被其他雄鱼夺去，那么新来的雄鱼便可能代替原本的主人让巢穴中的鱼卵受精。

对于雌鱼而言，理想的伴侣应该具备多种素质。雄鱼必须足够敏捷以躲避捕食者；必须足够善战，能保卫鱼卵；还必须足够健康，能够不断摆动尾巴，坚持10天左右，为鱼卵供氧，同时还要照料鱼卵。

假若雌鱼对自己的追求者感到满意，那么它便会在巢中产卵。假若巢中已经有其他雌鱼的卵，那么它便会吃掉一些，好让自己的鱼卵更加有可能孵化。

有些雄性三刺鱼无法找到合适的繁殖区或伴侣，这时候，它们就会脱去自己原本那套"求婚礼服"，换上银色的外衣，这样，它们看上去就会更像雌鱼。有了这层伪装，它们就能大摇大摆地进入其他雄鱼的巢穴之中，找到鱼卵，并代替原来的主人使鱼卵受精。

泡泡巢穴

顾名思义，五彩搏鱼（*Betta splendens*）是一种喜好搏斗的鱼。然而，它们并非天性好斗，而是人工培育使然。无良的饲养者将两条雄性五彩搏鱼养在鱼缸中，让它们相互攻击，直到较弱的一方因受伤或精神紧张而死。败者死去，

- 上图：一条五彩搏鱼正在建造自己的泡巢。
- 右图：一对红鲑鱼驻足在巢穴上方。图中可见它们的"婚礼礼服"色彩鲜艳，雄鱼的下巴已发生严重变形。

但赢家的命运也好不到哪去，它们会被迫繁衍，将基因中的侵略性传递给后代，直至精疲力竭而亡。而它们的后代也将重复上一代悲惨的命运。自然情况下，雄性五彩搏鱼之间也会发生冲突，方式却完全不同。实际上，这种鱼的领地意识极强，但它们之间很少发生争斗，也很少在争斗中丧命。

当两条雄性五彩搏鱼相互挑战时，它们都会展开自己雄伟的长鱼鳍，将喉部下方鲜艳的色彩露出，显得气势汹汹。如今在市场上有很多品种的五彩搏鱼，但最早的雄性五彩搏鱼头部是深色的，身体呈蓝绿色，鱼鳍呈红色。每当与对手狭路相逢，雄鱼就会展开鱼鳍，停在对手身边，相互紧盯，伺机而动。

等到时机合适时，其中一条雄鱼就会突然出击，试图一口咬进对手的肉里，而被攻击的一方立即躲避。接着，两条鱼就开始紧张地追逐和逃亡。冲突持续大约几分钟后，其中一方就会意识到对手过于强大，并在局势恶化到不可挽回之前逃之夭夭。

当雨季来临，水温达到约29℃

记事本

红色婚礼

成年红鲑（Oncorhynchus nerka）在北半球湖泊的淡水水域中产卵，它们的幼鱼自鱼卵孵化起都栖息于此。幼鱼在淡水中生活3年，直至成长到足以出海。海洋中食物丰富，因此，红鲑的体形会大大增长。红鲑先在海里生活几年，待到繁殖季节，它们就会趁着夏季长途跋涉，返回自己的故乡。出发时，它的外形会发生巨大变化：带深色斑点的银色身体以及蓝色的臀部会变得鲜红，颌骨显著拉长，同时颜色变深，像只深绿色的宽钩，还长出几颗大牙，因此被称作"钩状吻"。此外，鱼的背部也会拱起，像驼峰一样。在繁殖期，雄性和雌性红鲑的外观都会发生变化，但雌鱼身体的红色不及雄鱼鲜艳，头部变形也没有那么明显。雄鱼通常会多次经过雌鱼身边来吸引它们的注意力，雌鱼则根据雄鱼的颜色和大小来选择自己的伴侣。红鲑是卵生鱼类，通常选择有水流且氧气充足的浅水区产卵。一旦到达产卵地，雌鱼就开始在水底挖一个浅洞，雄鱼则保护它免受任何潜在竞争者威胁。产卵完成后，雌鱼就会盖上浅洞然后离去，这些卵能否孵化也就听天由命了。

时，真正的战斗刚刚开始。此时，雄性五彩搏鱼的战斗不仅是为了保护自己的领地，更是为了保护它们对雌鱼一见钟情后建造的泡泡巢穴。泡泡是五彩搏鱼用唾液吹出的。雄鱼将泡泡并排压实，固定在周围的植被边，形成舒适柔软的床垫，待求爱完成后，就可以将鱼卵附着在上面。泡泡巢穴大功告成后，雄鱼就会在雌鱼面前来回游动，展示自己鲜艳的色彩和绚丽的鱼鳍。假若雌鱼不为所动，雄鱼就会试图通过咬雌鱼来吸引对方，有时，雄鱼甚至会撕下雌鱼的部分鳍。如果雌鱼接受雄鱼的追求，那么它就会游到泡泡巢穴下方，此时，雄鱼会变得更加温和，逐渐接近雌鱼。假若雌鱼不做反抗，那么雄鱼就会完全抱住它，将它翻转过来，腹部朝上。当雄鱼的拥抱逐渐褪去笨拙而变得娴熟时，雌鱼便开始产卵。

身披羽毛的求爱者

许多雄鸟为了吸引雌鸟,保证自己能够在众多竞争者中脱颖而出,通常会改变自己羽毛的颜色。有时,雄鸟还需要完成艰苦的准备工作。例如,园丁鸟会为它们生命中最重要的演出搭建一个舞台。有时,雄鸟还须用特别的声乐技巧来吸引雌性。

园丁鸟

缎蓝园丁鸟(Ptilonorhynchus violaceus)体长30多厘米,是澳大利亚的典型鸟类。繁殖季节里,它们通常会以极具特色的方式求爱。

八月至次年一月期间,雄性园丁鸟开始物色一处合适的地点来打造"爱情陷阱"。待选定一处有灌木丛围绕的平坦空地后,它们就会开始清理地面上的卵石、树枝和树叶。接着开始建造一条奇特的U形

- 第134~135页图：一只缎蓝园丁鸟正在用蓝色羽毛装饰它的爱巢。
- 上图：一只雌性大亭鸟正在检查巢穴，而雄鸟正在放置它的装饰品。
- 右图：一只雄性大亭鸟正在用腹足类动物的壳来装饰自己的爱巢。

隧道，隧道由插入地里的小树枝搭成，内有树枝铺成的地板，附近还摆放着贝壳、果实、石头和花朵作为装饰。雄性园丁鸟会想尽办法将自己的爱巢打理得精致又漂亮。有时，它们还会衔来有着华丽外骨骼的昆虫来装点门面，如闪着金属光泽的甲虫；此外，它们甚至会找来瓶盖、衣架、吸管以及各种材质的丝线等人造物品，只要是能够吸引它们注意力的东西，都可以作为装饰品。雄鸟取回装饰品后不会随意摆放，而是要根据自己的喜好反复斟酌；假若没能完全称心如意，那么它便会不断寻找和衔来新的饰品，甚至推翻先前的设计，重新摆放所有装饰物。年轻而缺乏经验的雄鸟通常喜欢用各种颜色的物品来装饰它们的爱巢，而随着年龄增长，不同雄鸟选择的颜色逐渐趋于统一，巢穴周围的装饰几乎全是蓝色。一旦完成艰苦的工作,雄鸟就会离开隧道,潜伏在低矮的植被之中发出鸣叫,等待雌鸟光临。假若有雌鸟听到鸣叫,被吸引到巢穴附近驻足观看,雄鸟便从藏身之处走出来,在雌鸟面前一展舞姿,用翅膀做出些生硬的动作。有些时候,这种相当活泼的舞蹈会吓到年轻的雌鸟,甚至将它吓跑。因此,当经验丰富的雄鸟意识到自己的舞蹈可能会吓跑未来伴侣时,它们便会学着做出不那么夸张的求爱动作。为了更好地研究这种行为,研究人员使用机器鸟来模拟雌性园丁鸟惊恐的表现,结果发现雄鸟能够根据雌鸟的反应来调节自己求爱舞的激烈程度:假若伴侣喜欢刺激的求爱舞蹈,那么雄鸟便会投其所好,纵情起舞;而假若伴侣比较害羞,那么雄鸟就会抑制住自己的冲动。能够迎合雌性喜好的雄性更有可能成功繁殖后代。假若雌性对雄性的建筑满意,那么两只园丁鸟就会交配。

繁殖季节里,雄性园丁鸟会投入高达80%的时间来打理巢穴,并不断用新材料来装饰它。同时,它们还要保护自己的巢穴,防止有其他雄性来偷东西;但反过来,它们自己却会想方设法从对手那偷取贵重又漂亮的装饰物。蓝缎园丁鸟遵循一夫多妻制,繁殖季节里,雄鸟会试图与尽可能多的雌鸟交配。

记事本

虚假广告

园丁鸟科的大亭鸟(*Chlamydera nuchalis*)建造的隧道长度不到1米,高度可超过40厘米,隧道后方还搭建着一座名副其实的舞台。舞台上,雄性大亭鸟会献上一支滑稽的舞蹈:不断跳跃,同时炫耀它们头部彩色的羽毛;衔着些华而不实的东西,发出叽叽喳喳的叫声。隧道里布满鹅卵石、贝壳以及其他装饰品,尽数按照精致的图案摆放在地上,没有任何一件随意放置。实际上,每件装饰品都从洞口开始,按照从小到大的顺序摆放,如此一来就能形成视错觉,雌鸟通过隧道观察雄性跳舞时,就会感觉它看起来更加健壮。研究人员曾试图将不同大小的装饰品调换位置,结果发现雄大亭鸟在很短的时间内就会将其恢复原位。

聚焦 身披羽毛的小提琴手

梅花翅娇鹟（Machaeropterus deliciosus）是一种生活在南美雨林的小型鸟类，它们并非通过悠扬的歌声，而是靠高速摩擦翅膀发出悦耳的声音来吸引配偶。这种奇特的鸟类在伟大的自然学家达尔文的时代就早已为人所知，但若要拍摄和研究这种复杂的动物，还须用到高清摄像机。这种鸟每秒能够振翅100次以上，由于翅膀结构特殊，振翅发出的声音的频率能被放大到1000赫兹以上。雄鸟的每只翅膀上有7根次级飞羽，其结构能放大声音，其中还有几根羽毛能像小提琴的弓和弦一样相互摩擦发声。因此，梅花翅娇鹟振翅发声的频率和弦乐器非常相似，这点也并非偶然。为了"拉小提琴"，梅花翅娇鹟翅膀的骨骼结构十分特殊：前肢的骨架由实心骨而非空心骨组成，尺骨相比其他鸟类也更加发达。

■ 左图：一只雄性梅花翅娇鹟正在快速摩擦翅膀，演奏出充满活力的旋律来吸引雌性。

■ 上图：一只裸喉钟伞鸟（Procnias nudicolli）正在演唱震耳欲聋的歌曲。
■ 右图：肉垂钟伞鸟（Procnias tricarunculata）试图用它嘹亮的歌声赢得雌性的青睐。

钟伞鸟

钟伞鸟属（Procnias）生活在南美洲和中美洲中之间，雌雄两性之间差别明显。雄鸟鸟喙周围的羽色根据种类有所不同，部分或全部呈现白色，头部还有在求爱时能够派上用场的各种颜色的肉垂。雄鸟通常摆动头部的肉垂来吸引雌鸟的注意，不过，它们真正用来吸引伴侣的秘密武器其实是歌声。

钟伞鸟能够发出非常嘹亮的声音，人耳在1000米以外都能听到。它们的鸣叫是自然界中产生的最强声音之一，高达125分贝以上——和飞机在50米的高度起飞时发出的声音非常类似！由于雄鸟的叫声非常响亮，且在看到雌鸟时声音会更加有力，因此，雌性靠近它们时甚至会损伤听力系统。不同地区和时节的钟伞鸟唱出的"情歌"也各不相同。实际上，钟伞鸟的歌声并非本能的反应，也没有固定的模式，它们会主动创作谱曲，还能够随着时间推移不断进行丰富和改编。■

聚焦 力量的试炼

许多物种的雄性都渴望征服雌性,成为雌性的理想伴侣,雄性还需要维护自己的领地,因此它们之间的争斗在所难免。对于这些雄性而言,最重要的是要知道如何恰当地评估自己的对手,并据此决定是否要冒险一较高下,因为若是在这上面犯错,就会让自己身陷险境,甚至丢掉性命。假若两位竞争者力量和体形相当,那么真正的战斗才会拉开序幕。

阿尔卑斯山羊(*Capra ibex*)的行为可以作为例证,它们通常会仰起头来,用自己巨大的角猛击对手的角,开启一场壮观的战斗。阿尔卑斯山羊的角特别重,将近4千克,同时也非常坚固且具有弹性。撞击的声音即使是在相当远的地方也能够听到。

另一种非常好战的雄性动物是南象海豹(*Mirounga leonina*)。雄性象海豹一般会比雌性更早到达凯尔盖朗岛(Kerguelen)的沙滩上,并立即表现出极强的领地意识,全力捍卫它的地盘。

为了保护领地,雄性象海豹会发出强而有力的叫声,还会张开形状特殊的大鼻孔来威吓对手;有时候,它们也会和对手发生正面冲突,爆发激烈战争,但很少导致某一方死亡。占据统治地位的雄性通常连吃饭都不会离开岗位,能够长达两个多月不进食。

- 左图:意大利大帕拉迪索公园(Parco del Gran Paradiso)中,两只处于繁殖季节中的阿尔卑斯山羊正在一较高下。
- 第144~145页图:两只雄性南象海豹(*Mirounga leonina*)正在血腥地搏斗,双方都伤痕累累。

求爱艺术

当雄性博得了雌性的注意后,那么最困难的部分就开始了:如何才能说服雌性与之交配呢?有时候,雄性的求爱过程几分钟或几秒钟之内就能交差;而有时候,雄性需要花很长时间,陪雌性散步,不断营造浪漫氛围,如此才能令它们折服。至关重要的是要知道如何巧妙地追求雌性,而只有通过积累经验,不断观察和模仿其他竞争者的行为才能掌握其中技巧。有时候,雄性会锲而不舍地展开追求,耗到雌性精疲力竭,顺势将其征服!交配过后,双方可能都立即离开,留下后代听天由命;也有可能有一方选择留下,承担抚育幼崽的任务;或是双方都参与养育幼崽。极少情况下,双方始终保持忠诚,相伴相随;或是在每年交配季节来临时相互寻找彼此,建立一夫一妻关系。

■ 左图:一对北鲣鸟(*Morus bassanus*)在月亮的见证下完成求爱仪式。

冰冷的爱人

部分两栖动物和爬行动物会在求爱仪式上花费大量精力,雄性通常会尽力让自己变得显眼来吸引雌性。然而不幸的是,事实证明,炫耀有时候可能是致命的:这么做可能会吸引捕食者的注意,让宁静而美妙的爱情被肆意地破坏,让伴侣双双沦为捕食者的盘中餐。

两栖动物

青蛙、蟾蜍和树蛙等无尾目两栖动物以叫声而闻名,它们发出的声音相当响亮,有时甚至令人感到聒噪,但这些声音对物种个体之间的交流至关重要,特别是在繁殖季节。这些叫声一般是由声带发出的,声带来回挤压空气,从而发生振动,再通过声囊放大。有些物种则没有声带,可以快速吸入空气发声,或是用它们的四肢像鼓槌一样敲打周围的树枝,发出声音来吸引雌性。蛙鸣声通常很有力,以至于1000米以外都能听到大蟾蜍(*Bufo*

- 第148~149页图：一只雌性大蟾蜍（Bufo bufo）的特写。
- 上图：雄性安乐蜥（Anolis chloris）正向它的潜在伴侣展示自己的活力。
- 左图：一只雄性意大利欧冠螈（Triturus carnifex）身着"婚宴礼服"。

bufo）那"爱的呼唤"。大蟾蜍鸣叫的振幅和强度有助于潜在竞争者了解它们对手的大小。如果呱呱声很低沉，那么对手有可能是个大块头，也是位强大的对手。

对于某些种类的雌性而言，雄性的声音对它们选择伴侣非常重要。它们通常喜欢声音低沉且频率较密集的雄性，因为发声需要消耗能量，只有健康的雄性才能发出这样的声音。当然，雄性放声鸣叫也会给自己造成威胁，因为这会让它们暴露在捕食者面前：首先是因为它们容易被循声发现；其次是因为它们鸣叫时通常站在高处，位置一目了然，很容易成为被攻击的目标。还有些雄性两栖动物更加安静，通常利用强健的脊柱、鲜艳的颜色和独特的舞姿来吸引雌性。它们一般属于有尾目，即有尾巴的两栖动物，称作蝾螈。等到温度、湿度等环境条件都适宜时，它们才会开始繁殖。以雄性意大利欧冠螈（*Triturus carnifex*）为例，待到万事俱备，它们的脊背上就会长出锯齿，尾巴边缘会出现波浪起伏。穿上这身"婚宴礼服"后，雄性蝾螈便会在水下起舞，它们拱起背部，在雌性的鼻子前挥动自己的尾巴，好让它们欣赏自己身上珍珠般雪白的斑点，同时用泄殖腔附近腺体分泌的信息素吸引雌性。如此，雄性就能刺激雌性与之交配。

爬行动物

无论是陆地上还是水中的龟类，它们在恋爱时脾气都出奇火爆，交配时的行为也令人讶异。为了征服配偶，雄性陆龟科（Testudinidae）通常会以相当粗暴的

记事本

滑稽的舞者

小岩蛙属（*Micrixalus*）生活在印度雨林的水道附近，位于高止山地区。据悉，小岩蛙属的雄蛙会表演一种奇特的求爱舞蹈。首先，它们会选择一处清晰可见的地方作为表演舞台，通常是在带有小瀑布的水道中的湿漉岩石上。等它们找到合适的地方，就会开始呱呱鸣叫，将它们耀眼的白色声囊显露在外。鸣叫之余，它们还会用后腿做出奇怪的动作，好似滑稽的伸展运动。实际上，它们的四肢会完全横向地伸展开来，后腿的脚趾也会张开，某些种类的小岩蛙还会抖动它们的脚趾。如果雌蛙被雄蛙的舞蹈吸引，那么它们就会一同潜入水中，在河床上挖好的洞中产卵，再用沙子和砾石将其覆盖。

■ 上图：一只雄性科蒂格哈小岩蛙（*Micrixalus kottigeharensis*）正在呱呱鸣叫，同时表演着它滑稽的舞蹈来吸引雌性。

方式接近雌龟。实际上，当它靠近雌性，并意识到雌性愿意交配时，就会开始咬对方的腿和脖子，与它"肌肤相亲"，同时继续冲撞对方的龟壳，直到雌性最终"落入圈套"，或是被征服。

这种仪式往往会伴随着较强的喘息声和鼻息声，还有尖锐的嘶嘶声，这些都是空气从肺部迅速呼出而产生的。为确保能够成功征服它们多情的"猎物"，雄龟会将身体的前部放在雌龟的甲壳上，给它一个大大的"拥抱"，如果雌龟不动，那么它们就会开始交配。

水龟科的交配发生在水中，有时会在深水区，且通常在夜间进行，因此，若要对它们进行观察和研究会更加复杂。在某些泽龟科（Emidydae）身上能够观察到一种奇特的现象，即"双颊泛红"，因此，它们也通常被称为红耳彩龟（*Trachemys scripta elegans*）。这种龟原产于北美，雄性求爱时会在雌性身边来回游动数次，有时还

记事本

永恒的伴侣

角鮟鱇科（Ceratiidae）是一类非常奇特的鱼，这种鱼的雌雄两性会终身结合在一起。雌鱼比雄鱼要大得多，体长超过1米，而雄鱼则几乎不超过10厘米。这种鱼的特殊之处并不在于两性体形的巨大差异，而在于它独特的交配方式，雌鱼一生都与雄鱼相伴，雄鱼会附着在雌鱼腹部，永不分离。雄性幼鱼长约15毫米，有双大眼睛，嗅觉高度发达，再加上雌鱼能在水中散发特殊物质吸引同一区域内的雄鱼，因此，即使是在黑暗的深海中，雄鱼幼鱼也能够拦截到雌鱼幼鱼。另外，雄鱼的嘴长着尖喙，边缘还有"牙齿"，分布成上下两排。雄鱼拦截雌鱼时，先是用嘴咬住它，接着，两条鱼体内的循环系统就会合并，雄鱼的睾丸会开始发育，而身体其他部分（如鱼鳍、眼睛和有些内部器官）则逐渐退化。雄鱼会永远和雌鱼保持连体状态，在随后的繁殖期间充当"精子生产者"。

会在雌性面前停下，快速挥动它们指甲长长的前爪。这样的舞蹈可以持续几个小时，直到雌性感到疲惫不堪，从而被说服。这时，体形较小的雄龟就会爬到雌龟的甲壳上，保持这个姿势一段时间。最后，两只龟游到深处，开始交配。

在蜥蜴的世界里，求爱方式既可以热烈张扬，也可以温柔耐心。安乐蜥属（Anolis）原产于美洲大陆，不仅身体能够变色，喉咙下方还有个颜色鲜艳的大皱褶，脑袋"弹起"时非常明显。这个胸饰通常折叠在喉咙下方，必要时可以借助相当复杂的骨骼结构撑开。雄性安乐蜥有时会将它像一面彩旗似的张开，这不仅是为了警告对手，让它们远离自己的领地，也是为了在繁殖季节吸引雌性的注意。

例如，在4月至9月期间，雄性安乐蜥会频繁地张开"彩旗"，巡视领地，这样一来，既可以将其他雄性赶走，又能吸引路过的雌性。每当有雌性驻足，雄性蜥蜴就会开始上下摇晃脑袋，将皱褶撑开又缩回。接着，雄性开始追逐雌性，直到最终抓住雌性脖子上的一块皮肤，将这多情的"猎物"俘获。此时，雌性通常是愿意进行交配的。

雄性松果石龙子（Tiliqua rugosa）在求爱时则更加温柔和害羞，它们通常会陪伴在雌性身边漫步，永远不会让它落单。这样浪

漫的散步可以持续两个月之久,雄性松果石龙子偶尔还会"爱抚"雌性,轻轻舔舐对方,或是用嘴温柔地触碰它。第二年,同一对伴侣还会继续寻找彼此,且能够连续20年相互保持忠诚。假若伴侣死亡,松果石龙子的行为更是令人动容:通常情况下,幸存者会整日待在伴侣的尸体旁,继续用嘴轻吻它。

■ 左图:深海中一只光彩夺目的密刺角鮟鱇(*Cryptopsaras couesii*)。
■ 上图:一只雄性阿尔塞多火山象龟(*Chelonoidis vandenburghi*)正在追逐一只雌性以说服它同自己交配。

翎羽之爱

雄鸟需要面对非常苛刻的雌性观众，因此，它们必须展示出自己的技巧和能力。舒展羽毛、扇动翅膀、摆出姿势、敲击鸟喙和发出鸣叫都有助于雌鸟择出优质的雄性，为自己的雏鸟传递最佳基因。

孔雀的舞台

鸟类世界中，最著名的婚礼要数壮观的"孔雀开屏"。蓝孔雀（Pavo cristatus）的外表绚丽夺目，但也不得不承受沉重而累赘的羽毛，达尔文曾彻夜不眠，不解为何这堆羽毛会给雄孔雀带来优势。实际上，一身华丽的羽毛恰恰是雄孔雀成功进行繁殖的基础，只有完成精彩的舞蹈表演，且成功

- 第154~155页图：一只雄性蓝孔雀（Pavo cristatus）在雌鸟心不在焉的打量下开屏。
- 上图：两只雄性黑琴鸡（Lyrurus tetrix）正在竞偶场上打鸣和搏斗。
- 右图：一只雄性松鸡（Tetrao urogallus）一展它高亢有力的歌喉。

受到未来伴侣的青睐时，它们才有权进行交配。雄性自我展示时，会跑到一块被称作"竞偶场"的区域中，即多个雄性聚集起来表演以吸引雌性的场所。许多其他种类的鸟而也会使用这样的"舞台"，如黑琴鸡（Lyrurus tetrix）、环颈雉（Phasianus colchius）和松鸡（Tetrao urogallus）。竞偶场中的雄孔雀必须全力以赴，因为舞蹈结束后，只有少数雄孔雀能够真正有机会进行交配。雄孔雀进行展示时不仅会反复在雌孔雀面前昂首阔步，还会举起长着"伪眼"的沉重雀翎，剧烈地抖动。雌孔雀能通过这样的行为来评估雄孔雀的健康状况，因为只有体魄强健且食物充足的雄鸟才能长出并保持如此美丽的羽毛——若要保持全身华丽，就必须耗费很高的能量。雌孔雀更喜爱羽色最鲜艳、眼状斑最完整的雄性，希望将这两种优秀性状的基因遗传给后代。需要注意，维持这两种性状也是极其耗费能量的，所以只有强壮的雄孔雀才能够战胜对手。但即使雄孔雀慷慨献上壮观而引人注目的开屏，很多时候，雌孔雀还是会平静地啄食，毫不理会它们面前的表演！据观察，雄鸟在表演时会继续观察周边的对手，以便学习和模仿它们的求爱技巧。假若所做的一切都不足以吸引那些无动于衷的雌孔雀，它们还会发出高亢又尖锐的叫声。最近，科学家还发现雄孔雀可以发出次声波，这些声音频率很低，人耳无法听到，但雌孔雀却能清晰地感知到，且特别喜欢这些旋律。松鸡也因在竞偶场中的表演而闻名，它们会展示自己丝质的黑色羽毛，将喙周围的羽毛充满空气，并将尾巴张开呈扇形，同时将翅膀朝向下方。雄性松鸡求爱时不仅会跳舞，还会发出一系列错综复杂的叫声，听上去像是从起泡酒瓶中拔出软木塞的声音，或是一

求爱艺术

■ 上图：一只雄性大眼斑雉（Argusianus argus）正准备表演它的求爱之舞。

连串爆裂声。很有可能，松鸡和孔雀一样也能发出人类无法感知到的低频声波。雄性松鸡开始聚集时，雌鸟一般都不在场，但会逐渐被它们的歌声吸引而来。而随着越来越多的雌鸟到来，竞偶场上的情况会变得更加混乱。此时，竞争者之间的肢体冲突不断增加，并有可能引发一场群架，导致参与斗殴的雄性松鸡受伤，甚至遭受重创。一片区域内可能有几处松鸡竞偶场，且一只雄性松鸡可能在同一天内飞行几千米，将几处竞偶场访问个遍，献上多场表演。

雄性大眼斑雉（Argusianus argus）也会表演壮观的求爱舞蹈。在马来半岛雨林中找到一小块空地后，雄鸟先是会清除一切妨碍自己行动的东西，然后开始鸣叫。假若有雌鸟被它的歌声吸引，来到此处，雄鸟就会先绕着它走几圈，然后停下，两只爪子坚定地在地上有节奏地敲打，然后开始求爱表演：雄性大眼斑雉先是将头垂在两腿之间，然后张开翅膀，用它那不同寻常的、比初级羽毛长得多的次级飞羽聚成一个巨大的漏斗，羽毛上的眼斑清晰可见，从背景中突显出来。雄鸟会保持动作数秒，然后扑打自己的羽毛，再迅速地重新摆好姿势，而雌鸟通常全然不为所动，继续四处徘徊和啄击地面，直到它接受雄鸟的求爱，并同意与之

■ 上图：一看到雌鸟，雄性大眼斑雉就会展示它绚丽的羽翼。

交配。在鸟类的世界里，我们总是能看到非常精彩的求爱仪式，这些表演还通常伴随歌声作为伴奏。毋庸置疑，声乐表演的冠军要数原产于澳大利亚的华丽琴鸟（Menura novaehollandiae）。繁殖季节，它们会用土和树枝搭建高台作为舞台。表演之前，它们先是弓起背部做好准备，将形状胜似里拉琴的华丽尾羽置于头顶上方。接着，它们会反复挥动尾部的羽毛，同时发出不同寻常的叫声。众所周知，雄性华丽琴鸟模仿声音的能力非常惊人，从自然界各种动物的叫声到机械的声音都难不倒它们，汽车警报声、喇叭声和电锯声甚至相机快门的咔嚓声，它们都能模仿得惟妙惟肖！而它们展示自己这一绝技的目的显然就是吸引尽可能多的雌鸟与之交配。

- 左图：一只雄性阿法六线风鸟（Parotia sefilata）正在雌性面前卖力表演，它舞动的羽毛如同一条芭蕾舞裙。
- 上图：巴布亚新几内亚，一对瓦氏六线风鸟（Parotia wahnesi）正在举行求爱仪式。

天堂鸟

天堂鸟属于极乐鸟科（Paradisaeidae），也因其华丽的羽毛和复杂的求爱仪式而著称。所有的雄性天堂鸟都拥有多个配偶，且筑巢、孵蛋和抚育雏鸟的工作都完全由雌鸟负责。雄鸟通常有着色彩缤纷的羽毛，而雌鸟则身着黯淡的保护色。以同属极乐鸟科的阿法六线风鸟（Parotia sefilata）和瓦氏六线风鸟（Parotia wahnesi）为例，我们可以看到这类鸟的雄性如何吸引雌性。目前认为，这两种鸟都没有真正的繁殖季节。雄鸟开始自我展示前会先选择一块没有障碍物和植被的地方，将广阔的天然舞台作为它的竞偶场。只有这样，才能够尽可能地突显出它们胸前具有金属光泽的羽毛和其丝绒般的黑色羽毛形成的鲜明对比。雄鸟拂动羽毛或跳跃时，胸前羽毛的金属光泽就会变强。求爱时，它们的头部还会有节奏地摆动，以展示它们头上纤细飘逸的羽饰，阿法六线风鸟头上两侧各有三根羽饰，而瓦氏六线风鸟头上的六根羽饰都指向后方。

为了取得更好的演出效果，天堂鸟求爱前需要进行复杂的编排。首先优雅地鞠个躬，然后彻底打开全身的羽毛，像是在头与爪之间撑开一把小伞。迷人的极乐鸟科成员众多，小掩鼻风鸟（Lophorina victoriae）就是其中之一。这类鸟具有领地意识，在繁殖季节会极力捍卫它们的领地，常选择高处作为求爱表演的舞台。高处能够让雄鸟清楚地观察整个周边地区的情况，它们通常选定一处地方就会使用数年。求爱时，雄鸟会发出一系列声音来吸引附近的雌性。一旦吸引成功，感知到雌性正在靠近，它们就会张开翅膀，在头顶上合拢，呈半月形，然后再向上伸出长喙，开始有节奏地摇头晃脑。若想表演取得成功，雄鸟就必须不断检查自己是否正对着想要追求的雌性。只有这样，它们才能突出展示自己胸前彩色的羽毛，同时也方便尝试用双翅将雌鸟包围。假若雌鸟接受这个"拥抱"，那么就可以进行交配；如果不接受，那么雌鸟就会飞走，去寻找更符合它心意的伴侣。最后，我们也不能忽视华美极乐鸟（Lophorina superba）的求爱舞

- 上图：一只雄性华美极乐鸟（Lophorina superba）正在一展歌喉，展示它"围脖"上的绚丽羽毛。
- 右图：一只丹顶鹤（Grus japonensis）正在表演复杂的求爱舞蹈，它以奇特的方式将翅膀折叠起来，看起来像一颗爱心。
- 第164～165页图：一对丹顶鹤在雪中共舞。

蹈。它们的求爱仪式是所有天堂鸟中最具特色的。这种鸟通体黑色，只有胸前点缀着具有金属光泽的蓝绿色羽毛，与它们明亮的双眼相得益彰。一旦它们用叫声吸引了雌鸟的注意，便会开始求爱表演。它们首先给胸部、背部和侧翼的长羽毛充气，形成一块扩大的平面，平面上显现出明亮的金属光泽和两个鲜艳的斑块，像是一双犀利的眼睛。这样的二维效果令人难以置信，再加上一系列跳跃和摇摆，雌鸟便会感觉置身于催眠的漩涡之中，简直目眩神迷！

鹤形目（Gruiformes）也因求爱仪式而闻名。最优雅的例子当属丹顶鹤（Grus japonensis）。这种鸟是日本的标志性鸟类，象征着婚姻的忠诚，它们的求爱仪式通常重复数月，且同时涉及多只雌鸟，而这么做正是为了强化伴侣之间的纽带。仪式通常由此起彼伏的舞蹈和尖声鸣叫组成，如同波浪般在鸟群间传播。无论是配偶还是尚未成熟的个体，无论是父母还是子女都会翩翩起舞。舞蹈的动作包括交替跳跃和并排奔跑，以及重复用力在背后张开翅膀和向后伸展脖颈等。表演结束时，两只丹顶鹤会小心地相互鞠躬致敬。也许看到这里我们就能明白，为何在日本传统舞蹈和戏剧艺术中，丹顶鹤起舞的图景会留下浓墨重彩而富有魅力的一笔。

欧洲白鹳（Ciconia ciconia）在撒哈拉以南过冬，春天便迁徙到欧洲筑巢。一般来说，它们会回到自己几年前搭建的巢穴中，巢穴由树枝编织而成，容量巨大。雄性会首先赶到，然后在巢中等待雌性到

- 上图：一对准备交配的欧洲白鹳（Ciconia ciconia）站在它们的鸟巢里，鸟巢建在一个壁炉的旧烟囱上。
- 右图：一对欧洲白鹳正在共舞，十分壮观。
- 第168～169页图：黄昏时分，一对沙丘鹤（Grus canadensis）跳着求爱之舞。

来。雌雄配偶可能和前一年相同，也可能是首次组成的。欧洲白鹳具有领地意识，雄鸟会积极保卫巢穴，只有在觅食时才离开。举行求爱仪式时，欧洲白鹳先是吹响口哨，然后再大声敲击鸟喙，同时向后弯曲脖子，跳起韵律舞。敲击鸟喙发出的声音有一个学名，叫作"击喙声"，不仅可以用于求爱，也能用于警示危险。欧洲白鹳跳舞、摆动脖颈和碰撞鸟喙的动作不仅是为了追求新伴侣，也是为了与旧伴侣增进感情，好在长期迁徙后还能再次重聚。

167 | 求爱艺术

聚焦 奇特的求爱

雄性南非跳羚（Antidorcas marsupialis）有一套特殊的办法俘获雌性的芳心。雄性南非跳羚通过它们的粪便和尿液来标识自己的领地，雌性南非跳羚则游走于各领地之间，所以，雄性必须想方设法留住它们，形成"后宫"，以展现自己的雄风与力量。为吸引雌性，雄性南非跳羚通常会短距离小跑一段，在中间穿插上一连串的垂直跳跃表演，最高可达两米！

北美豪猪（Erethizon dorsatum）独特的求爱方式可能会让许多人嗤之以鼻。这种滑稽的动物身上长满了刺，所以交配时非常困难，不过，对它们而言，最具有挑战性的仍然是求爱阶段。雌性豪猪的发情期仅有25天左右，且其中只有一天能够接受求爱，因此，追求者若想赢得它们的青睐，就必须完成走钢丝似的表演。雄性先是用两条后腿站立，摇晃着慢慢接近雌性。接着，它会开始喷射尿液，试图淹没雌性，尿柱最长可达两米。假若雌性感到厌烦，那么就会甩开尿液，朝一边走开，同时发出不情愿的声音。而如果雌性积极回应，那么两只豪猪就会交配。交配的过程可能持续数个小时，所以，热情求爱的雄性豪猪可能还没完成任务就因疲惫而放弃了。在这种情况下，雌性就会马上离开，去寻找一位更具活力的新伴侣。

■ 左图：一只雄性南非跳羚（Antidorcas marsupialis）正在展示它敏捷的跳跃动作。

古怪的爱人

也许很多人不知道，在自然界中，那些表面上看来很反常的求爱仪式、繁殖技巧或交配行为其实都是很常见的。实际上，这些看起来不同寻常的情况还在逐渐变得更加常见，仅仅是在最近几年，研究者们才开始对这些现象进行深入的科学研究，企图解释清楚其中的原委。当我们观察到不寻常的生殖行为时，对其进行反思自然是件好事，但根据人类行为遵循的道德准则，对其进行评价却是不可取的，因为我们对于这种差异本身就抱有成见，这不仅会受到许多方面影响，还会随着时间推移而不断改变。无论是脊椎动物还是无脊椎动物，人们都越来越关注它们的求爱仪式，且通过科学研究发现了许多惊人而有趣的事实，同时也真正意识到，在动物世界求爱和繁殖并没有什么固定的规则可遵循。

■ 左图：一只雄性螳螂（Mantodea）正在非常谨慎地接近雌性。

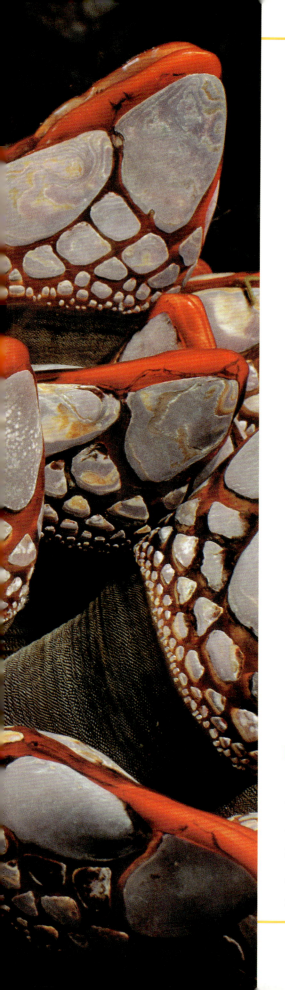

小动物，大力气

有时候，无脊椎动物似乎并不引人注目，也许是因为它们的体积太小，又或是因为有些人对它们感到厌恶，但它们其实是取之不竭的发现源泉，因为它们拥有许多独特的属性，在繁殖领域也是如此。

创纪录的器官

根据近期发表在《英国皇家学会会刊B辑》（*Proceedings of the Royal Society B*）上的一项研究，北太平洋的鹅颈藤壶（*Pollicipes polymerus*）是首个在水中自由喷射精子的海洋节肢动物：雌性需要收集水中的精子以使其卵子受精，和海绵、水母、海葵的行为相似。鹅颈藤壶的生殖行为虽然看起来很不寻常，但肯定不是该物种自达尔文时代以来就广受世界各地学者关注的原因。与其他甲壳类动物不同，鹅颈藤壶会将自己附着在坚

硬的表面上,可以是岩石,也可以是软体动物的外壳或鲸类身上。这些小型节肢动物通常定居于浅水区域,由于无法移动去寻找伴侣,它们也不能进行求爱仪式。但随着不断进化,它们发展出特别长的生殖器,其形状大小因具体物种而异,目的就是让附近的雌性受精。某些情况下,鹅颈藤壶生殖器的长度甚至可以达到身体的8倍,创造了动物界的一项纪录!然而,如果由于某种原因,有性繁殖难以完成,那么鹅颈藤壶也可以进行无性繁殖,自体受精。因此,虽然大多数鹅颈藤壶的个体倾向于单一性别(即雌性或雄性),但它们实则属于雌雄同体的物种。

致命陷阱

节肢动物门中的蜘蛛,即蛛形纲让我们看到了更多求爱世界中的有趣事实。蛛形纲中许多物种都是我们家中或附近草地上的常客,所以我们时常能够目睹它们如何求爱。

在欧洲有许多颜色鲜艳又丰富的蜘蛛,其中有种叫作横纹金蛛(*Argiope bruennichi*),又称"黄蜂蜘蛛",它黄色的腹部上有明显的黑色条纹,因此而得名。横纹金蛛会织起张大网,雌蛛会待在网的中央等待猎物。雄蛛的颜色相对黯淡,体形约为雌蛛的一半,它们必须非常努力才有权交配。交配过后,如果雌蛛不迅速走开,那么也有可能是要伺机吞食雄蛛,雄性配

- 第174~175页图:一群北太平洋的鹅颈藤壶(*Pollicipes polymerus*)。
- 左图:这些北太平洋的鹅颈藤壶生长在岩石海床上,被水流不断冲刷着。
- 上图:一只雄性横纹金蛛(*Argiope bruennichi*)正在小心翼翼地接近体形较大的雌蛛,而雌蛛已准备好捕获猎物,美餐一顿。

偶被雌性吃掉的案例并不罕见。为了避免这种悲惨的命运,雄蛛经常会成群结队地在雌蛛蛛网的边缘耐心等待,待到最有利的时机来临,才会上前接近雌蛛。而通常发生的情况是,雄蛛为匆忙离开它那贪婪的配偶,会选择断去自己的交配器

官,即嘴附近的一根名为"须肢"的突出物。雄蛛可能进行多次交配尝试,但每次它们都需要冒着失去部分须肢的风险。同时,它们也非常容易成为雌蛛的猎物,每张蛛网上我们都能看到许多茧,里面装的都是倒霉的求婚者的遗体。另一种

- 上图：一只雌性狼蛛科（Lycosidae）蜘蛛正带着它珍贵的卵袋，里面装满了蜘蛛卵。
- 右图：一只雄性跳蛛正在跳求爱之舞。

在世界各地广泛分布的蜘蛛是狼蛛科（Lycosidae）蜘蛛，其中最著名的代表是塔兰托狼蛛（Lycosa tarantula），它是土生土长的意大利狼蛛，产于意大利南部城市塔兰托。这类狼蛛通常单独捕食，喜好伏击，它们有一个特征，在所有蜘蛛中独一无二，即将蜘蛛卵或新孵化的幼蛛放在腹部。尽管这种做法显然会给行动带来不便，但关爱后代的狼蛛父母还是心甘情愿地担起这个负担。狼蛛腹部有个吐丝器，能够产出蛛丝，将蜘蛛卵聚集在一个称作"卵袋"的结构中。

跳蛛科（Salticidae）蜘蛛平时也很容易观察到，虽然它们体长不足2厘米，但许多种类的跳蛛都习惯在人类家中定居。跳蛛的求爱过程特别复杂，涉及多个感官，尤其是视觉和嗅觉。雄蛛腹部的鲜艳色彩通常会吸引雌蛛，但它们并不会轻易上当。这时候，雄蛛就会开始大胆地起舞，设法说服不情愿的雌蛛与之进行交配，不同种类的跳蛛求爱舞蹈的动作也各不相同。准备好进行交配的雌蛛会通过产生挥发性化学物质，即"信息素"来帮助伴侣提升表现，所以一般能看到雄蛛持续不断地伴着切分节奏跳舞，哪怕是雌蛛在交配前逃之夭夭，雄蛛还是会接着跳下去。假若求爱仪式一切顺利，这对跳蛛就会退回到一个丝茧中完成交配，以防被打扰。络新妇属（Nephila）蜘蛛雌雄之间的体形差异也相当大，雌蛛甚至能比它们的配偶大上十倍之

多！体形差异是该类蜘蛛两性异形的变量之一，由于雄性体形与雌性体形相差太过悬殊，该类雄蛛也被称作"侏儒"。据推测，性选择对于体形较小的雄蛛是有利的，因为它们更加擅长在野外生存，也更容易逃脱雌蛛之口。

致命爱人

即使是在昆虫的世界里，求爱也是相当复杂的，有时还会以悲剧告终。最著名的例子是薄翅螳螂，它们在世界范围内拥有2400个已知物种，而最让它们出名的无疑是雌性捕食配偶的习性。需要明确一点，并非所有螳螂物种都有吞食配偶的可怕习性，实验室观察到的样本中，由于研究人员会定期喂食雌螳螂，所以这种情况并不经常发生。与许多产卵的昆虫类似，同物种雌螳螂的体形大于雄螳螂，这是因为它们需要容纳下更多的卵，体形越大，容量也就越大。

不过，所有雌螳螂都是强悍的猎手，也很容易将求爱的雄性误认为猎物。因此，在危险的求爱阶段，雄性必须施展出浑身解数以避免落入悲惨的结局。雄性接近伴侣时是它们最为棘手的时刻之一，尽管繁殖的本能已让它们迫不及待，但也需要万分小心。如果尝试成功，那么便开始交配。此时，接近阶段的目标已然达成，但显而易见的是，交配阶段也会给求爱者带来巨大的危险。假若交配过程中雌螳

■ 左图：交配过后，一只雌性欧洲跳螳（Ameles decolor）正在吞食它的伴侣。
■ 上图：一只巨大的雌性斑络新妇（Nephila maculata）正带着一只体形极小的雄蛛。

螂没有获得满足，那么它就会从头部开始吞噬雄螳螂，而可怜的雄螳螂即使已经被斩首，也还要继续完成它的职责。一只雌螳螂可以产下多达200枚卵，分成若干组，由坚硬的卵鞘保护。显然，完成这些需要耗费很高的能量，因此对于雌性而言，任何蛋白质来源都是求之不得的，哪怕是它们的伴侣！

另一个求爱导致雄性死亡的例子是具有社会性的膜翅目昆虫，如蜜蜂和蚂蚁。这些昆虫生活在巨大的母系社会中，自出生起角色就被分配好。母系社会的中心角色是王后，这是群体中唯一能够繁殖的雌性，一般可以存活数年，而其他雌

▶ 扁船蛸

和许多头足纲八腕目的软体动物一样,扁船蛸(Argonauta argo)的雄性比雌性要小得多。雄扁船蛸有只具备生殖功能的特化腕足,称作"茎化腕",交配时,该器官可以伸进雌性的外套腔,将精囊插入其中来使雌性受精。这样的操作对于体形较小的雄性是十分危险的,庞大的雌性可能将它们误认为食物,所以它们只得被迫"自断手臂"。一旦腕足从雄扁船蛸身上脱离,它就会自动游向雌性,携带精囊安全地完成使命!

性则无法生育,需要承担"士兵"或"工人"的角色,寿命很短,一般不超过一年。终其一生,王后唯一的任务就是产卵,且只在"婚飞"行为中发生一次交配。交配产生的幼虫由"工人"照顾,其中有些是未来的王后,需要用不同于"士兵"和"工人"食用的物质进行喂养。未来的王后们在蜂巢或蚁穴中需要相互竞争，因为最先完成蜕变的王后幼虫会吞噬其他王后幼虫。雌性"工人"在抚育新王后的同时还要喂养长有翅膀的雄性——在蜜蜂和蚂蚁中分别称为雄蜂和雄蚁。婚飞期间，众多雄虫会飞出蜂巢或蚁穴，同时寻找王后来使之受精。因此，与其说这是在求爱，倒不如说这是在参加一场名副其实的追逐赛。最终，只有一只雄虫能够完成它梦寐以求的事业，然而，成功的回报也是短暂的：等待它的命运和其他雄虫一样，无论成败都固有一死。实际上，社会性昆虫中雄性的寿命都很短，它们存在的唯一目的就是让女王受精；而女王的命运也已注定：当它完成一次交配后便会失去翅膀，接着不停地产卵，由它未来的女儿们来养育照料，再创造一个新的群体。

记事本

美洲鲎

美洲鲎（*Limulus polyphemus*）是一种有趣的节肢动物，它们是剑尾目（Xiphosura）唯一的现存物种，来自遥远的过去。它们基本没有变化地存活至今，是典型的"活化石"。实际上，剑尾目动物早在2000万年前就已存在于地球上。美洲鲎还有一个更为人熟知的名字叫"马蹄蟹"，让人不禁联想到它身体的形状，不过，它们并非螃蟹那样的甲壳类动物。每当春季满月，潮汐高涨时，北美东部海岸就会上演一场壮观的求爱仪式：成千上万的美洲鲎会趁着夜色涌上沙滩，进行集体繁殖。这些原始动物的求爱过程非常简单，雄性与雌性只需碰个面即可。美洲鲎会将卵产在沙地上挖就的洞里，洞深约为20厘米。每天晚上，雌性美洲鲎会挖出大约5个洞，在其中产下约4000枚卵。整个繁殖季节里，挖洞和产卵的行为最多能重复20次，总共可以产下约80000枚卵。

- 左图：一些雄性欧洲蜜蜂（*Apis mellifera*）在准备好受精的蜂后周围婚飞。
- 右图：海潮退去时，一些美洲鲎（*Limulus polyphemus*）聚集在沙滩上产卵。

奇怪但千真万确

人们总认为已经对脊椎动物了如指掌,而当涉及这些动物的求爱和繁殖行为时,他们的自信便会开始动摇。近期研究表明,脊椎动物的有些行为从前被视作人类独有,而事实证明并非如此。

奇怪的鱼类

鱼纲中有个行为令人惊讶的类群,即海马。它们的求爱过程十分温柔。雌雄海马先是并排游动,热情地将尾巴缠绕在一起,然后便开启漫长的交配,在此期间,卵子在雌性体内受精后会转移到雄性体内的育儿囊中。受精卵发育完成后,雄性就会"分娩"出成型且能自主行动的海马幼体。分娩期间,雄海马的腹部强烈地收缩,过程可以持续一整夜。随后的几个小时里,它

通常会精疲力竭。

雄性阿氏丝鳍脂鲤（Copella arnoldi）的繁殖行为虽没有海马那么与众不同，但也十分奇特。它们先在水面悬垂的树叶里选择合适的一片作为庇护所，然后再进行短暂的求爱。待到雄鱼吸引来雌鱼时，不可思议的事便发生了：两条鱼会同时跳出水面，借助骨盆鳍在不到10秒的时间内紧紧抓住叶子。此时，雌鱼会产下十几枚卵，雄鱼便会马上让鱼卵受精；之后，两条鱼立即落回水中。同一对阿氏丝鳍脂鲤会在周围的叶子上重复这一操作，总共产下约200枚卵。一旦产卵完成，雌鱼就会离开，留下雄鱼照顾后代。鱼卵需要保持湿润约72小时，为防止鱼卵变干，慈爱的父亲会定期用力甩动尾鳍（大约每小时38次），将水喷洒到鱼卵上。孵化后，幼鱼就会落入叶面下的水中。

海底世界里，鱼类总能源源不断地给人惊喜，哪怕是那些我们已经非常熟悉的物种。例如，广泛分布于地中海的一些鱼类会在其生命中某个阶段突然改变性别！"变性"分为两种情况：雄鱼变成雌

- 第184~185页图：在这只雄性线纹海马（*Hippocampus erectus*）的腹部能明显看到装满卵的育儿囊。
- 左图：两只交配中的虎尾海马（*Hippocampus comes*）。
- 上图：几对阿氏丝鳍脂鲤一起跃出水面产卵。

鱼，或雌鱼变成雄鱼。

鲷属（*Sparus*）和俗称小丑鱼的双锯鱼属（*Amphiprion*）鱼类都为"先雄性"，即个体原本是雄鱼，之后会变为雌鱼。以金头鲷（*Sparus aurata*）为例，它们的性别逆转发生在大约两岁左右。该物种雌雄同体，雌雄两性的配子都存在于体内，但雄性配子会率先完成发育。与之相反的是"先雌性"，即雌性配子先发育。生活在地中海的"变性鱼"有色彩鲜艳的孔雀锦鱼（*Thalassoma pavo*）和杂斑盔鱼（*Coris julis*），这些物种完成性别逆转需要耗时几个月。需要明确的是，两种变性方式中，无论是雄性还是雌性个体都能进行繁殖，即无论个体处在初始性别阶段还是变性后阶段，它们都能够进行繁殖。

焦虑的父母

有时候,从物种的学名中可以看出关于它们繁殖的信息,如产婆蟾(*Alytes obstetricans*)。这种小型两栖动物原产于欧洲中西部,雄性求爱时非常匆忙,只会短暂地发出悠扬的叫声来吸引雌性。为了弥补雌性,雄性会给予配偶充足的陪伴。事实证明,雄性产婆蟾是非常慈爱的父亲,对为数众多的后代非常关爱。产婆蟾在陆地上进行交配,一旦完成,雌蟾就会产下一串胶状的受精卵;雄蟾会将它们收集起来,缠绕在自己的两条后腿上。雌蟾每次产卵的数量最多为70多枚,而一只雄蟾的腿上可以携带超过160枚卵,所以很明显,未来的父亲需要照顾它众多配偶的后代。蟾卵大约在6周后孵化,新生的蝌蚪会马上被它们的父亲放入水坑中或池塘里。

两栖动物中,负子蟾(*Pipa pipa*)的繁殖方式也非常独特。这种古怪的生物有着奇特的外观:身

体扁平,头很小,呈三角形。负子蟾的交配在水中进行,雄蟾先从上方围住雌蟾,然后两只蟾会在水中不断翻滚。接着,雌蟾会产下100多枚卵,一旦完成受精,这些卵就会粘在母亲的背部。雌蟾的皮肤会形成一层囊,包裹和保护每一枚卵。这些卵通常被这样保持和携带大约3个月,孵化出的蝌蚪就可以离开保护它们的母亲了。

很明显,某些物种即使其求爱仪式并不复杂,也几乎没有章法可循,但它们在照顾自己的后代方面都倾注了相当多的精力,单亲或双亲都会抚育和保护后代,这就是所谓的"舐犊情深"。

■ 左图:一只雄性产婆蟾(*Alytes obstetricans*)正慈爱地保护着它后腿之间的卵。

■ 本页上方顶图为一只负子蟾(*Pipa pipa*);第二张图为一只背负着卵的负子蟾,可以看出这些卵已经快要孵化了。

爱与和平

当然，哺乳动物在求爱方面也能带给我们很多惊喜。如在长颈鹿属（Giraffa）物种中，我们经常能观察到雄性个体用脖子相互磨蹭，这种行为其实是在发起挑战。两只雄鹿相互威胁和对抗，往往是为了在群体中建立起等级制度，从而在与众多雌性交配时占据主导地位。两只竞争者会并排站立，将全身的重量都压到对手身上，然后开始晃动它们的长颈，用头撞向对手的侧面。长颈鹿头顶的鹿角出生时是软骨，随着成长逐渐硬化并与头骨愈合，表面覆盖皮肤，被称为"皮骨角"，所以即使打击不能致命，也会让对手非常痛苦。一旦战斗尘埃落定，鉴于此刻最终的胜利者无比兴奋，那么就要举行庆祝，而庆祝活动往往还包括与失败者进行交配！在已发现的具有雄同性性行为的各类哺乳动物中，长颈鹿实际上是发生该行为最频繁的动物，其同性性行为高达所有性行为的75%。因此，根据许多学者的观点，雄性长颈鹿相互磨蹭脖子不仅可以解释为争夺优势地位的争斗，也可以解释为同性之间的求爱。

如果说这些动物世界的行为令人惊讶，那么最颠覆人三观的动物还没有出现：它就是倭黑猩猩（Pan paniscus）。我们这位非洲"表亲"也被称作侏儒黑猩猩，它以一种非常特别的方式诠释了求爱的概念，以自身鲜活的例子展现了什么叫作博爱。倭黑猩猩生活在由众多个体构成的社会中，鉴于这些社会群体十分复杂，暴力冲突理应成为家常便饭，但事实情况恰恰相反。倭黑猩猩和它们好斗的同属近亲——黑猩猩（Pan troglodytes）不同，经常通过放松神经来化解群体中的一切紧张局势，除了传统的摘虱子，它们还会通过风流韵事来解决矛盾！因此，它们也生活在最和平的灵长类社会中。在研究动物行为的生态学家看来，倭黑猩猩可以定义为多配偶制的物种，即所有个体都是双性恋，且可以随意发生交配的物种。倭黑猩猩群中的所有个体都可以进行和性相关的任何行为，甚至包括群交，且无论年龄和族群，也不受亲属关系制约，但父母和子女关系除外。这清楚地表明，在自然界中，性行为经常与繁殖无关，就倭黑猩猩而言，它们75%的性行为都是如此！

■ 左图：两只雄性网纹长颈鹿（Giraffa camelopardalis reticulata）正在打架，它们会用皮骨角猛烈撞击对方的脖子。

■ 第192~193页图：一群倭黑猩猩（Pan paniscus）正在通过相互摘虱子来增进群体内的感情。

3 / 旅途中的动物：大迁徙

概述

壮观的旅程

对动物而言，迁徙是十分重要的自然活动，有时会构成一幅盛大的美景。人们最熟知的迁徙通常是那些最为壮观的盛景，动物们从一个地方大规模迁移到另一个地方，跨越整片整片的大陆，到达气候条件对它们来说最理想之所，以便繁殖或找到丰富的食物。

有时候，这些迁徙耗费的时间比动物本身的生命还要长，一次迁徙甚至涉及好几代动物。就比如黑脉金斑蝶（Danaus plexippus），它们迁徙一次需要经历3代！不过，这类迁移活动都具备两个基本特征：第一，动物不仅要去到一个地方，还必须从那里返回原处；第二，这类迁移在一年当中是有周期的。事实上，这些旅程必须在特定的时间段进行。在这些壮观的迁徙开始前几个月，动物们必须做好准备，在体内以脂肪的形式储存足够的能量。

漫长的旅途暗藏着诸多陷阱，迁徙的主人公有可能在途中因疲劳、饥饿，或遭遇意外而死，还有可能被捕食。此外不要忘了，所有这些动物还要面临人类带来的危险，比如，水和空气中存在的化学污染，以及水生环境中的噪声污染和光污染，它们可能导致动物迁徙时偏离正确路线；公路、大坝和人造运河等基础设施的建设和高压电塔的架设，可能给许多鱼类、鸟类和陆地动物带来致命危险！

还有至关重要的一点，动物们要挑一年中最合适的时间出发，以确保理想的出行条件。

如何找到方向

另外不能忘记的一点是，动物们抵达目的地所需要的定位方法。要找到正确的方向，既可以将始终存在的洋流、磁场等作为方向参照，也可以依靠一些自然现象，比如太阳、月亮、星星和浪潮的移动——它们在不同时刻出现，为迁徙者们指明道路。当然，根据不同的环境条件，动物们可以交替，甚至同时使用多种定位系统，避免走错路线。

地磁场是动物们使用的最可靠的定位系统之一。地球之所以拥有磁场，是因为地球核心存在着液态铁。因此，地球就像有一块磁铁，大约倾斜11度，它能产生一个磁偶极子。磁场可以通过力线来表示，这些力线从地磁南极出，往地磁北极去。地球每个点上磁场的强度和倾斜度都是不一样的，这就使得动物在迁徙过程中的任意时刻，都能准确获知它们在地球上所处的位置。为了追踪利用地磁场定位进行迁徙的诸多海洋动物，人们在几十年前开始运用卫星遥测技术。通过这项技术便能获取动物在迁徙途中的确切地理位置。

使用这种技术研究最多的迁徙活动之一是海龟迁徙。为了查明它们的迁徙路线，人们直接将无线电发射器安装在实验龟的龟壳上。发射器发出的信号被卫星（如Argos系统的卫星）捕捉到，而后发送给数据处理中心。但针对海洋动物有一个主要问题，那就是很多时候它们都处于水面下，导致这些信号要么接收不到，要么无法使用。事实上，只有当海龟游到水面以上时，来自它们的信号才是有效的。

今天，为了优化数据传输，已经有人开发了试点项目，将移动电信网络也派上用场。比如那不勒斯安东·多恩动物研究所（Stazione Zoologica Anton Dohrn di Napoli）研究的一些蠵龟（红蠵龟），它们的位置信息被以短信的方式发送出去。

动物们每年的迁徙路线通常非常精确，那是它们几千年来受季节、环境和气候变化影响，最终适应下来的结果。最后这一点对研究员来说至关重要。实际上，如果动物的迁徙路线发生变化（有时是在极短时间内），比如偏离原来的路径，或者根本不再迁徙，那么它们就是在向我们人类拉响警报：某些东西正在变化！这些迁徙物种就是通过这种方式，充当着地球上那些巨大变化的重要卫士，帮助我们了解正在发生什么事情，以及能够采取什么补救措施。

迁徙动物

进行大迁徙的物种有很多，包括我们意想不到的一些无脊椎动物，例如软体动物、甲壳类动物和昆虫。事实上，莱氏拟乌贼（*Sepioteuthis lessoniana*）、眼斑龙虾（*Panulirus argus*）和圣诞岛红蟹（*Gecarcoidea natalis*）等水生无脊椎动物都会迁徙，并且出动的个体数以千计，但却鲜为人知。炎热的夏季，在欧洲的花草里很容

- 第194~195页图：一群麦哲伦企鹅（Spheniscus magellanicus），成年企鹅和幼崽身上都长有厚厚的羽毛。摄于阿根廷巴塔哥尼亚的瓦尔德斯半岛。
- 第196页图：冬季迁移途中，纤弱的黑脉金斑蝶（Danaus plexippus）在阳光下取暖。摄于墨西哥米却肯州国家黑脉金斑蝶生物圈保护区。
- 上图：这只红海龟（Caretta caretta）正在澳大利亚海域遨游。

■ 上图：圣诞岛海岸线上成千上万的红蟹（Gecarc6idea natalis）正在等待繁殖。摄于澳大利亚。

易看到一种昆虫，在一簇簇花朵间飞来飞去寻找花蜜，它们就是欧洲粉蝶（Pieris brassicae）。这些蝴蝶的迁徙之旅始于春季，从北非出发，经过无数次停留，最终飞越地中海、抵达欧洲。之后这些蝴蝶将留在欧洲大陆上，直到第一阵冷空气袭来，到那时它们又将成群结队地飞回非洲。

至于更为人熟知的迁徙动物，那还得数会游泳或飞行的脊椎动物。无论从数量还是距离来看，最知名的迁徙鱼类都绕不开品种众多的金枪鱼、鲱鱼和鳕鱼。除了前面提到过的海龟的神秘迁徙，如红海龟或绿海龟（Chelonia mydas）迁徙，鲸类的迁徙之旅也值得一提。迁徙景象最为壮观的物种有灰鲸（Eschrichtius robustus）、大翅鲸（Megaptera novaeangliae）和虎鲸（Orcinus orca）。需要强调的是，对于齿鲸（有牙齿的鲸类）来说，各种因素造成的噪声污染日益严重，干扰了它们的生物声呐，导致其在迁移过程中迷失方向。造成这一"海下混乱"的幕后推手有船舶声呐、发动机本身的噪声，以及开采石油和天然气的钻机的噪声等。

鸟类是出色的飞行家，它们可以长距离飞行，以寻找最适合过冬、繁殖，或食物富足的地方。这些脊椎动物的迁徙方式多种多样，既与其种类有关，也与它们所处地域及其行为学特征有关。行为学是一门研究动物行为的学科。

鸟类并不是唯一的飞行家，

■ 上图：一头灰鲸（Eschrichtius robustus）与它的幼崽，这是幼鲸第一次迁往更冷、营养更充足的海域。摄于墨西哥下加利福尼亚州。

■ 第202～203页图：无数只蝙蝠（巴西犬吻蝠）在黄昏时分离开洞穴去寻找食物。摄于美国得克萨斯州圣安东尼奥。

蝙蝠在其一生中也会进行季节性的迁徙活动，以寻找更适于生活的气候。

相比之下虽然更为罕见，但还是要说，即使是严格意义上的陆生动物，有些也会进行浩浩荡荡的大迁徙，并且出动的个体数量能达到几千甚至几十万，因而能通过卫星观测。就比如大批的草食动物，几乎在各大洲上都能看到它们季节性地迁移，以寻找鲜草充足的牧场。

另外还有一种动物迁徙，每次的出行队伍都十分庞大，但不如上述动物壮观，那就是无尾两栖动物为繁殖而进行的洄游，例如青蛙和蟾蜍。与大型草食动物一样，它们也受到人类引发的地表变化的影响。在这些变化下，一条普普通通的道路都可能变成一道不可逾越的鸿沟，阻止它们到达目的地，进而危及整个物种的延续。

人们必须尽早意识到自己会对生活在同一个地球上的其他动物的迁徙造成极大影响，甚至会导致一些物种彻底灭绝。人类的角色应为守卫者，我们应该拼尽全力保护地球上这些重要的迁徙活动！■

陆路迁徙

陆地上的迁徙动物不停朝着食物和水源更丰富，或更适合繁衍的地区移动，为的就是确保物种的存续。这些旅程有去有回，往往是跋山涉水的长途跋涉，耗费时间长达数月，并且路上充满了危险和不可预见的困难，但这些旅程又无可避免，因为它是动物们得以生存的唯一方式。动物们的迁徙沿着古老的路线进行，每一个方向都是自然选择的结果，一代又一代的动物依靠储存在DNA中的信息，不断追随着先辈的脚步。现在，由于越来越多的人类活动破坏，这些壮丽的现象正在面临消失的危险。事实上，各种建筑、道路、农田和牧场正给这些生存之旅带来越来越多的阻碍。

■ 左图：肯尼亚马赛马拉的地平线上，一队正在迁徙的角马（*Connochaetes taurinus*）在火红夕阳下的侧影。

草原上的游牧民族

迁徙在陆生哺乳动物中并不常见,因为它们的移动速度相对较慢,而能量消耗又比较高。但在一些栖息地,大范围的气候波动迫使一些草食动物也开始长途旅行。

非洲大草原的气候特征为一年中有断断续续的雨期,接着是干旱期。因此这里的景观以草本植物为主,只有一些零星的树木,植被比较茂盛的都是靠近湖泊与河流的地区。大雨过后,在这些地方会出现各种各样的草食动物,它们彼此间无须竞争,而是共享丰茂的大片草场,其中包括蓝角马(*Connochaetes taurinus*)、平原斑马(*Equus quagga*)和汤氏瞪羚(*Eudorcas thomsonii*)。

事实上，这三个物种进食时并非像一台联合割草机那样，而是分别吃不同高度的草：斑马喜欢吃高高的草，并且吃到一定位置就不吃了；而十分挑剔的角马则不吃12厘米以上的草；最后是羚羊，它们吃矮一点儿的草，也就是角马吃剩下的部分。这是一种很有名的现象，叫"草场轮换"，是指在不加重破坏的情况下，充分开发草料资源。

在漫长的旱季，草地干枯，水源干涸，肥沃的牧场染上一片金黄后，许多草食动物便在食欲的驱使下，出发去找寻更适宜生存的地方。

东非的塞伦盖蒂–马拉生态系

- 第206～207页，蓝角马和平原斑马（*Equus quagga*）在享用马赛马拉国家保护区的绿色牧草，这片盎然生机要归功于11月的短暂雨季。
- 左图：角马和斑马群穿越肯尼亚的马拉河，这是长途跋涉中最危险的时刻。

统便是动物们迁徙的舞台之一，那里有着以"大迁徙"著称的世界上最壮观的迁徙现象之一：大约200万只草食动物，包括120万只角马、30万只斑马和40万只汤氏瞪羚，沿着一条约800千米长的环形路线不断行进，寻找水源和绿色牧场。这种集体迁徙构成了一个有效的反捕食系统，因为如此一来，单只动物被捕食的概率就会降至最低。大迁徙的队伍里有不同的物种，共享此条路线的每一种动物都能从中获益。此外，有研究表明，这些草食动物能正确解读其他动物，如草原狒狒（*Papio cynocephalus*）发出的报警信号，从而进一步提高它们的生存概率。不过尽管用上了这些有效的策略，许多动物还是在行进过程中丧生，这不仅因为有天敌追击，还有饥饿、干渴和疲劳等因素。据估计，每次迁徙中大约有25万只角马死去。

这些动物群的迁移受到牧场开发和干、湿季交替的影响——每一年干、湿季的持续时间都在变化。因此，迁徙也是一个变化的过程，虽然每年都在重复，但并不完全相同，途中的一些细节会依据天气条件而变化。此外，由于迁徙路线是个闭环，而且要穿越塞伦盖蒂和马拉地区，所以很难确定开始与结束的时间。摄影师乔纳森·斯科特曾说："唯一的开始就是出生那一刻，唯一的结束则是死亡。"

- 上图：角马分娩的时间是固定的，在每年1月和2月之间。
- 右图：角马幼崽成熟得很快，出生5分钟后便能跟随在母亲身边奔跑。

集体性生产

在坦桑尼亚塞伦盖蒂南部的绿色平原上，雌性蓝角马经过大约八个半月的妊娠期后，于1月至2月间产下它们的幼崽。这是一种集体性生产，大约50万只幼崽都在这2~3周内出生。这种不可思议的同期生产是对付狮子（Panthera leo）和斑鬣狗（Crocuta crocuta）等捕食者的制胜策略。大草原上的肉食动物时刻等待着易捕食的猎物出现，这些幼崽便是其中之一，会有一些幼崽不可避免地被捕杀，但总的来说，每个个体的生存概率要高于在较长时间里分散出生的个体。实际上确实如此，不论是在高峰期之前还是之后出生的幼崽，都更有可能被捕食者袭击。

观察一个刚出生的年轻生命总是令人兴奋的，但角马的协调运动能力之早熟，简直令人震惊：角马在出生2~3分钟后就能站立，5分钟后就能跑到母亲身边。一些学者称，很快它的速度便能超过一头母狮。尽管具备了这种其他有蹄类动物无可比拟的能力，还是有许多小角马在1岁前死亡，原因包括营养不良、天敌捕食以及疲劳与疾病。在某些情况下，群体中的小角马会突然感到惊慌失措，这时它们会离开母亲，四处乱窜。待到恢复平静之后，它们便会不停地啼哭，到处游荡，去寻回它们的食物来源和保护者。这时候起关键作用的就是运气了。如果一头小角马找不到自己的母亲，其他的母角马并不会收养它，即使它们也丢了孩子，并且正在哺乳期。这时小角马的命数已定：它会变得越来越衰弱，被草原上的大批肉食动物轻易捕食。

与角马共享这片茂盛牧场的还有斑马和瞪羚，虽然在时间上不能像前者那样精确，但它们在每年的前几个月里也有一个生育高峰期。这些动物四处分散，为了追寻零星的降雨，从一个地方转移到另一个地方，但始终待在同一片区域。到4月份时，南部平坦的大草原已经被啃食了很长时间，并且因为缺乏降雨而开始干枯。这时新生儿已获得足够力量，有能力面对漫长艰辛的旅程。大批动物便向西北方向移动，去往"西部走廊"。大迁徙一开始看起来很混乱，但不久之后，角马和斑马群就会聚集在一起，有序地排成长达40千米的一列列，在地面上留下一个个深深浅浅

的脚印。

危险的渡河

漫长的旱季通常始于5月中旬，在此期间，许多湖泊与河流会完全干涸。动物们继续向北行进，一直走到肯尼亚的马赛马拉地区，因为那里有永不干涸的马拉河，动物们能找到常青的牧场和安全的水源。在到达那片土地之前，动物群必须穿越旅途中两个险要的地方：格鲁美地河与马拉河。特别是后者，它是迁徙中最危险的部分。

6月，动物群到达格鲁美地河南岸，这一时期的水流量最小。此处最大的威胁是数不尽的尼罗鳄（Crocodylus niloticus），它们藏在河水中，饥肠辘辘地等待着这些旅行者的到来。动物们必须谨慎选择渡口：杂草丛生的地方可能隐藏着一些掠食者，河床上的大石头则可能减缓它们的渡河速度，进一步为尼罗鳄提供下手机会。所有动物一齐大步跳跃渡河，以便尽快到达

- 左图：对穿越肯尼亚马拉河的动物群而言，藏在水中的尼罗鳄（*Crocodylus niloticus*）是最可怕的杀手之一。
- 上图：一只汤氏羚羊（*Eudorcas thomsonii*）的旅程悲惨地定格在一头尼罗鳄的口中。
- 第214～215页图：动物们激动地穿越迁徙途中的一条河流，迅速挤上对岸，以避开水中的陷阱。

对岸，然后继续向北行进，前往马拉河及肯尼亚的边界。

跨越马拉河是迁徙途中最悲剧的一刻，许多动物都丧命于此地。这条河比格鲁美地河更宽，河岸很高，而且是沙地。这就导致无论是下河还是上岸，都非常艰辛和危险，因为迁徙的动物们可能会摔断腿。此外还得留意河水的流速，湍急的水面加上强劲的水流，甚至能够瞬间卷走一只成年角马。所以，到达河岸后还要等待时机，几千只动物聚在一起，等待数日。时不时会有一只角马向外张望，观察河岸的情况，寻找到达马赛马拉绿色牧场的最佳渡口，但接下来似乎又放弃了这个它梦寐以求的目标，转身回到不断扩大的队伍当中。迁徙的旅途仿佛已走到尽头，马拉河似乎意味着一个不可逾越的障碍。最后，一只角马选定了渡河地点，它没有回头，全力以赴，于是其他所有角马都跟着它冲进河中。动物们选择的渡口每年都不一样，通常是障碍物少、水流缓慢、杂草少，以及河岸不太陡峭的地方，这能增加个体生存的机会。但是仍有许多动物没能到达对岸，因溺水或尼罗鳄捕食而丧命于此。

聚焦 生命循环

每年有超过100万只角马要穿越马拉河，前往马赛马拉国家保护区的草原，平均有6250只角马溺死于水中。从大量溺亡尸体中受益的首先是众多肉食动物，尤其是尼罗鳄和秃鹰。经过2到10周，肉体分解，成为鱼类的食物来源，而尸体上爬满的蛆虫又很受獴科动物的喜爱，于是后者也被吸引到了这些地方。

尸体的软组织腐烂使得水体营养物质在几周内增加，富含磷的骨头在多年后（超过7年）分解，同样也会释放重要的元素到水体中，从而影响接下来几十年河流中的营养物质循环和食物网。此外，流动的河水会将这些营养物质带到下游，对整个流域产生积极影响。

尽管死掉的角马只占迁徙群体的0.5%，但它们对河流生态系统具有重要的影响。因为通过它们的尸体，大量资源从陆地系统转移到了水生系统，深刻影响到马拉河的生产力水平和生物多样性。而流向维多利亚湖的马拉河，又是使坦桑尼亚和肯尼亚塞伦盖蒂-马拉大型生态系统保持水源不断的一大关键。

■ 左图：最先从马拉河溺亡动物中获益的是秃鹰，例如图中的黑白兀鹫（*Gyps rueppellii*）。摄于肯尼亚。

回到南方

到达马赛马拉草原后,动物群便会分散开来,在该地区内不断移动,寻找经过零星的雷阵雨浸润后长出来的新鲜草料,而同一时期,即7月到10月之间,塞伦盖蒂的其他地区则是一片干燥。动物群的这种行为既能防止资源过度消耗,又让荒芜的牧场得以再生。

10月底至11月初,塞伦盖蒂中部和南部的平原上开始有短暂降雨,于是重新出现水塘、季节性河流和大片的草地。动物群受到远处的雨水召唤(据说角马能听到很远处的雷暴和雨声),聚集起来排成队列,继续向南跋涉,不过这次它们要穿越塞伦盖蒂的东部地区。

迁徙的目的地和停留时间要视降雨强度而定:动物群是绝对不能犯错的,它们必须在南方牧场茂盛的时候到达目的地,早了、晚了都不行,否则它们的生存就会受到威胁。到达塞伦盖蒂南部后,大迁徙就结束了,或者说这又是一个新的

开始。环路关闭，幼崽这时已经很大了，90%的雌性角马即将分娩，这些分娩又标志着一个新的循环开始，如此这般无穷无尽。

一年一度的大迁徙是自然界向我们展示的最动人、最不可思议的景观之一，但现在却面临着被人类破坏的危险。气候愈加炎热，旱季越来越长，动物们的领地也正在受到越来越严重的破坏，而且一些公路切断了这些草原"游牧民族"的征途。

■ 上图：一队平原斑马走在肯尼亚马赛马拉高高的草丛中。

冷血动物的迁徙

成千上万只个体同时迁徙的不仅有大型草食动物,更小、更不引人注目的动物同样会进行危险而艰辛的长途跋涉,去往适于繁衍生息的地方。

红蟹

在世界上的无脊椎动物的迁徙中,印度洋圣诞岛上的红蟹(*Gecarcoidea natalis*)每年为繁殖而进行的迁徙算得上是最壮观的景象之一。在这场迁徙中,与红蟹共享该岛屿的人类的生活会受到极大影响。例如在红蟹迁徙期间,为避免压死这些红蟹、方便它们移动,岛上许多道路都会封闭,这

陆路迁徙

- 第120~121页图：成千上万的圣诞岛红蟹（Gecarcoidea natalis）涌向海滩，寻找繁殖下一代的理想地点。
- 上图：一只雌性红蟹怀抱珍贵的蟹卵走向水中。摄于印度洋圣诞岛。
- 右图：圣诞岛的这条道路被红蟹入侵，它们正在进行一年一度的迁徙活动。

样一来就妨碍了居民的部分日常活动。

红蟹的旅程开始于雨季之初，在10月和11月之间，它们从高原地区（一年中的大部分时间都在此生活）迁移到海岸，并在那里进行繁殖。人们在一些红蟹的外甲上做了彩色标记，并在接下来的几年里多次将其捕获。研究人员发现，很大一部分红蟹，无论出发点在哪，其目的地都是圣诞岛的西北部海岸。这一信息对于保护该物种非常重要，因为人们知道了岛上哪些区域需要进行保护。

红蟹一天最多可以走1.5千米。影响它们迁徙时长的还有雨季开始的时间。实际上，如果雨季来得比以往晚，那么相应地，它们也会更晚出发，而为了及时到达海岸，就必须抓紧时间，跳过一些休息和进食的站点。这给它们造成了更大的压力，比较弱小的红蟹将无法到达目的地。这趟行程或持续10天以上。到达海岸后，它们要做的第一件事是将全身浸泡在海水中，因为在艰苦的旅程后需要补充水分。最先登陆的是雄性红蟹，它们要深入覆盖在圣诞岛海岸的雨林，挖掘洞穴，并在接下来的几天里竭力保护洞穴，不被其他雄性破坏，直到雌性红蟹的到来。在完成交配后，需要为回程做准备的雄蟹将再次潜入咸咸的海水中，然后开始返回高原地区。而雌蟹则会在雄蟹留下的洞穴中再停留10天左右，等待适合孵化蟹卵的时刻。到那时，雌蟹便会将此前一直精心守护的珍贵蟹卵投入海里。它们会挑选夜间涨潮的时候，伴随着下弦月或新月的升起。至此，雌蟹也可以返回高原了。蟹卵在接触到海水后立刻孵化，一些微小的透明生物从中探出头来，被潮汐带离海岸很远。这些小生命会在大海中度过近1个月的时间，并在那里经历巨

大的身体变化。一旦它们变成真正的螃蟹——直径几毫米的小型红蟹——便可以返回陆地了。这时它们就会踏上生命中第一次去往高原的迁徙之旅，旅途大约为期10天。在高原上等待3~4年后，它们将为了繁殖向大海进发。

为了保护这些甲壳动物，除了关闭道路，护林员还沿着流量较大的港口安装了围栏，将红蟹引向专门为它们挖的地下通道。2015年，护林员为这些红蟹建了一座桥，高约5米，好让它们通过该岛上最繁忙的路段之一。顺着围绕底部的栅栏，红蟹能轻松地爬上桥，安全穿过马路。这座桥不仅拯救了每年大迁徙的5000万只红蟹中的相当一部分，现在还成了圣诞岛的景点之一。

■ 右图：在迁徙过程中，浩浩荡荡的蟹群覆盖了路过的每一处，它们的攀爬能力十分强大。

两栖动物在路上

许多两栖动物也会进行长达数千米的迁徙,以寻找适宜繁衍后代的地方,例如青蛙和蟾蜍。它们开始迁徙的时间通常是冬季末,温度升到零摄氏度以上时(虽然仍仅有几摄氏度),因为那是它们从漫长冬眠中苏醒过来的理想条件。参与迁徙的个体数以千计,它们一起踏上漫长而危险的旅途,去往合适的水域产卵。出发时间多在下午的晚些时候,一直持续到深夜。一旦完成了整个生殖过程,这些两栖动物又将回到原来的居住地,余下的一年中继续在那里生活和觅食。

除了成年动物往返于繁殖地的迁徙,还有一种迁徙更不为人所知,发生在初夏的几个月里,也就是新生儿的迁徙。蝌蚪们一旦完成变形,就会从出生的池塘里迁出去,到达它们将要度过第一个冬天的地方,在那里与成年青蛙相遇。无论是小青蛙还是成年青蛙,无论是去程还是回程,这些动物经常不

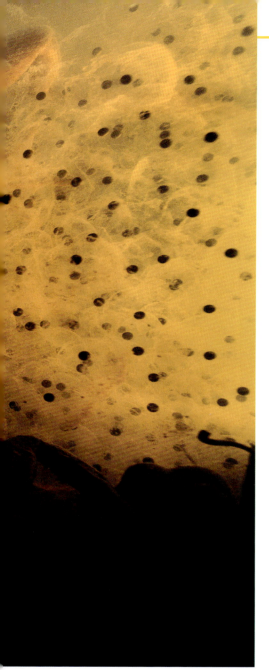

- 左图：林蛙（*Rana temporaria*）在水底繁殖的奇妙景象，周围是它们产下的无数卵子。摄于法国勃艮第。
- 上图：一些普通蟾蜍（*Bufo bufo*）正沿着一条地下通道行进，由此穿过马路到达繁殖地无须冒上生命危险。摄于法国。

得不穿越马路。事实上，它们会本能地将祖祖辈辈的繁殖地设为目的地，不管人类制造了何种障碍，它们总是继续同样的路线，甚至不惜付出自己的生命。今天，我们可以做很多事情来保护和帮助这些两栖动物平安迁徙。首要办法之一便是将两栖动物的繁殖区绘成地图，从而追踪它们的迁徙路线。这样一来就能确定它们要经过的道路，从而实施保护计划。一些志愿者会将马路上或沿路安装的保护网中的动物聚集起来，把它们从一边安全地运送到另一边。人们还在动物迁徙途经的地区安装道路标志，提醒司机注意，将车速降至30千米/时，或尽可能地切换道路。在得到批准并经过仔细规划的情况下，一些地区还专门修建了地下通道，以使这些两栖动物不用再横穿马路，而是从地下安全地通过。

水泥堤岸很高的运河，有时也会成为这些动物行进的障碍，其中流动的水更是相当危险，很多水体已被污染，或流速过高，给这些两栖动物带来重重危险。遗憾的是，这些动物的本能行为并不能帮助它们避开这些危险。事实上，在穿越马路时，这类物种中的大多数都能察觉危险，并对潜在的捕食者实施威慑战术：它们会停下，让身体膨胀，以彰显自己的强大、可怕；或者让腹部朝上，显示出警告性的明亮色彩（这些颜色表明它们有毒或有害）……这一切都发生在马路中间的某个金属"捕食者"面前，只可惜后者对它们发出的警告毫无感觉。

迁徙活动比较出名的两栖动物有普通蟾蜍（*Bufo bufo*）、绿蟾蜍（*Bufotes viridis*或*Pseudepidalea*）、捷蛙（*Rana dalmatina*）和普通林蛙（*Rana temporaria*）。普通林蛙对高海拔地区的适应能力非常强，甚至可以在阿尔卑斯山脉海拔2000米以上的地方找到它们。普通林蛙过着群居生活，并且与其他许多物种不同，它们的迁徙活动既能在白天进行，也能在晚上进行，当然了，它们最喜欢的还是潮湿、多云的日子里的黄昏时分。其繁殖期在3月到6月之间，在此期间，雄蛙开始向繁殖区迁移，并在那里聚集成数以十万计的大军。雌蛙开始迁徙的时间较晚，会在之后追上它们。能够在高海拔地区生存的还有普通蟾蜍，虽然其活动海拔高度往往不超过2000米。它们则过着独居生活，但3月至6月的交配季节开始后，一切都会改变，蟾蜍们也会聚集成庞大的群体。因为不擅长跳跃，普通蟾蜍更喜欢用四条腿行走，因此它们的行动非常缓慢且笨拙。普通蟾蜍所面临的另一个危险源于它们只在夜间迁徙，这使它们有很大概率被汽车碾压。这些动物对繁殖区的适应能力很差，它们一生都坚持在同一个地方繁殖。普通蟾蜍中最先迁徙的也是雄性，它们数量实在太多，以至于一旦雌性到达，它们就要开始互相打斗，争夺伴侣。

与普通蟾蜍不同的是绿蟾蜍，繁殖季节，它们即使在白天也十分活跃，可以进行超过5千米的迁徙。它们的繁殖期同样开始于3月，雄性找的地方水深不会超过50厘米，这是产卵的理想深度。不过绿蟾蜍可以接受咸水池塘或水坑，因为它们对盐度变化的忍耐度很高。雌性比雄性稍晚一些开始迁徙，在雄性已在最佳交配区域安好家后才会到达。夏季末，在完成变形后，新生儿也要开始它们的旅程，去往它们即将冬眠的地方。在气候较寒冷的一些地区，这些蟾蜍甚至需要等待5年才能开始首次繁殖，也就是开始第一次为繁衍而进行的迁徙。

捷蛙生活在欧洲中部地区，其繁殖季比上述其他物种都更早开始，其中雄性在1月底就开始向繁殖地迁移了。为了每次都能到达同一个繁殖地，它们至多能迁

移1千米，对于体长不超过90毫米的捷蛙来说，这可是意味着一趟漫长又艰辛的旅程！

上图：这些林蛙从海拔约2000米的地方去往湖泊，它们将在那里繁殖。摄于法国境内的阿尔卑斯山。

飞向目的地

鸟类、蝙蝠和昆虫的飞行技能使它们可以快速地移动。也正是由于这一特点，它们比其他动物更倾向于采用迁徙作为生存策略，以寻找能满足饮食、繁殖和气候需求的最佳栖息地。但纵使有诸多好处，迁徙还是给它们带来了一系列的问题和威胁，这一点毋庸置疑。关于定位和导航的问题，大多数动物会同时或交替采用多种定位系统，比如将天体作为可视参照物，或利用地形或地磁场等寻找方向。许多种群在迁徙过程中受到的威胁，其实是人为因素造成的。在这些情况下，研究动物的迁徙路线就显得非常必要，因为只有这样才能实施有效的保护计划。

■ 左图：一群白鹳（*Ciconia ciconia*）正飞往它们迁徙的目的地。

卓越的迁徙者

鸟类和蝙蝠都能翱翔天际，且技艺超群，所以能跨越很远的距离。它们当中的许多物种都会进行迁徙，以寻找环境、气候和饮食条件最适宜的栖息地。

鹳

欧洲白鹳（*Ciconia ciconia*）被视为远距离迁徙物种，因为它们能飞行很远的路程，从欧洲和亚洲的繁殖地前往撒哈拉以南的非洲，最远可到达南非，或印度次大陆，并在那里的草原上成群过冬。欧洲白鹳广泛分布在欧洲、亚洲和非洲，是一种大型鸟类，体长为95～110厘米，翼展有180～218厘米。这种鹳鸟很容易辨识，因为它们有长长的脖颈和腿，羽毛主要呈白色，与黑色的飞羽（构成翅膀支撑面的羽毛）形成鲜明对比。鸟

- 第232~233页图:大型鸟类欧洲白鹳利用热气流,螺旋式上升至最高位置。摄于坦桑尼亚。
- 上图:成对的欧洲白鹳在巢中相遇时,会进行一个问候仪式,即仰头、低头、再仰头,同时上下喙快速击打。摄于西班牙,埃斯特雷马杜拉。
- 右图:经过长途跋涉的欧洲白鹳在撒哈拉以南非洲的大草原上过冬。摄于肯尼亚,马赛马拉国家保护区。

喙则是红色的(和腿一样),长15~20厘米,坚实锐利,适合抓捕小型猎物,如昆虫、鱼、甲壳动物、两栖动物和爬行动物,不管是在水中还是草丛里都能被它们捕捉到。欧洲白鹳的巨大翅膀与一定大小的鸳鸟相似,使其成为优秀的水手和滑翔运动员。开始飞行时,它们先要奔跑起来,用力拍打翅膀,飞到最大高度,然后利用风和温暖的上升气流,即所谓的"热气流",在空中继续向目标方向滑翔,而无须再频繁地拍打翅膀,借此减少能量消耗。

欧洲白鹳通常比较安静,不管是雌性还是雄性,它们发出的主要声音是上下喙连续击打产生的,通常出现在各种社交场合,例如打招呼的时候:当雄性与雌性相互靠近或在巢中相遇时,它们会将头向后仰,再低头,然后仰头,同时不停地快速开合鸟喙。

繁殖季节开始于3月到4月,也就是它们离开越冬地、到达目的地之后不久。最先到达的通常是成年雄鸟,然后是雌鸟和雏鸟。欧洲白鹳为一夫一妻制,而且一旦配对完成,一生都不会改变。这种忠诚度也体现在筑巢地上,同一对夫妇会年复一年生活在同一个巢穴中。它们的巢穴很坚固,由交错的树枝建成,里面铺着苔藓和其他柔软的材料。筑巢的地方通常在高处,比如树上,但有的也会建在屋顶、钟楼甚至电线塔上。它们的筑巢地多选在池塘、沼泽和湿地附近,这些地方能为成年鹳鸟和新生雏鸟提供丰富的食物资源。欧洲白鹳一窝的产卵数平均为4枚,蛋壳为白色,孵化时间约为1个月。父母会一起抚育和喂养后代,将食物反刍在巢穴里,然后引导雏鸟取食。出生后

- 左图：一只欧洲白鹳正守护着巢中的雏鸟。欧洲白鹳对繁殖地的忠诚度很高，每年都是同一对欧洲白鹳占据同一个巢穴。摄于英国牛津郡，科茨沃尔德野生动物园。
- 上图：欧洲白鹳在迁徙过程中聚集成引人注目的巨大鸟群，彼此共享栖息地。摄于西班牙。

40～50天左右，雏鸟开始进行翅膀训练；到70～75天左右，它们就已经会飞行了，但通常会在巢穴中再停留一段时间。

9月，天气变得更凉爽，食物也变得稀少，雏鸟已经长到足够大，于是欧洲白鹳便成群结队地离开，凭借它们的本能和定位系统，向南方飞去。

由于体形庞大，欧洲白鹳需要借助风来进行长途飞行，即靠地面上形成的热气流。早晨，一旦热气流积聚到足够，欧洲白鹳便开始螺旋爬升，一直飞到高空区域——通常是1200～1500米，但在某些情况下能达到4000米——然后沿其选定的方向平缓滑行，直到下一阵热气流出现，让它们能再次旋冲，飞上更高的天空。借助这种飞行技术，欧洲白鹳能以每小时35千米的平均速度飞行7～10小时，一天平均飞行250～300千米，而且比起不断拍打翅膀，这种飞行方式消耗的能量要低很多：据估计，靠拍打翅膀飞行消耗的脂肪约是滑翔飞行的20倍。所以欧洲白鹳会避免穿越几乎没有热气流的宽阔海域不是没有道理的。下午的时候，当热上升气流减弱时，这些迁徙者便会落地休息，有条件的话会进食，以恢复体力。在天气不好的日子里，它们更愿意延长休息时间，而非强撑着艰难飞行。

欧洲地区的所有欧洲白鹳种群其飞行路线主要有两条：一条通过直布罗陀海峡，横穿撒哈拉沙漠；另一条则通过伊斯坦布尔海峡，在穿越土耳其后分成两条路线，其中一条通往非洲，而另外一条通往印度西部。一些欧洲白鹳会穿越意大利半岛和墨西拿海峡，但由于西西里岛和非洲之间有一片海，所以选这条路线的很少。

一旦抵达终点，欧洲白鹳就会集合成庞大的队伍，有时多达数百只，其主要目的是抢占大草原上的栖息地。这里的气候适宜，食物充足，有利于它们等待繁殖地的冬季过去，春天到来，到那时它们便会踏上返程。

家燕

家燕（Hirundo rustica）是自由的象征，在古希腊时期，它们与每年的重生仪式联系在一起，因为其大致回归时间正值春分，是沉睡一冬的大地苏醒的时候。

实际上，家燕几乎有6个月的时间待在北半球，在那里度过气候非常舒适的季节，而剩下6个月则待在南半球。它们的迁徙是地球上最大规模的迁徙之一，航程达数千千米，有时甚至超过10000千米，并且要跨越巨大的地理障碍。据估计，参与迁徙的家燕数量约为2亿只。

到达终点需要花费好几个月，并且终点因出发地不同而不同：欧洲的燕子迁往撒哈拉以南的非洲；亚洲的燕子迁往亚洲南部、印度尼西亚，最远可达澳大利亚北部；美洲的燕子则迁往中美洲和南美洲的北部地区。而后它们又会返回各自的出发地。

家燕是一种体长约20厘米的小型鸟类，其外层尾羽（鸟尾上的羽毛）细细长长，使得尾部呈现出分叉状。家燕的背面羽毛是深蓝色的，有金属光泽，腹部是白色的，前额与喉部则呈栗红色。长而尖的翅膀使得家燕能长时间进行快速的杂技表演般的飞行，再加上它们具有短而宽的喙，这二者是发挥其狩猎本领的必要条件，让它们能在飞行途中捕捉昆虫。燕子通常选择空旷的地方觅食，距离地面或水面7~8米，大多数猎物都是在飞行时捕获的，很多时候它们会出其不意，直接从植物叶面上叼走猎物。

家燕的配偶关系能维持终身，但不忠的情况时有发生。从社会角度来看，家燕被定义为一夫一妻制，但从基因来看却是一夫多妻制。在繁殖季节，雄鸟负责挑选最合适的筑巢地，然后通过尖锐的叫声和绕圈飞行的方式来告知雌鸟。它们筑的巢呈壶状，由泥土和稻草建成，位于大自然中的悬崖峭壁上，不过它们也学会了利用人造建筑，例如楼房、桥梁和谷仓等，重点是巢穴顶部要有一个充当屋顶的遮蔽物，能在天气恶劣时为雏鸟提供保护。

家燕有时会聚集形成群落，但在这种情况下，家燕夫妇们要保卫各自巢穴附近的区域，防备可能出现的入侵者。家燕一窝生2~7只雏鸟，孵化15天左右，21天大的雏鸟便能离巢。父母双方共同抚养后代，它们通常每年生两窝，并且都生在同一个巢内。实际上若无意外，它们在以后的每年也都会使用同一个巢穴。

繁殖结束后，随着秋季的到来，家燕会离开久居的地方，在芦苇丛附近、河岸上、高高的草丛和灌木丛中聚集，形成庞大的燕

■ 右图：一群家燕（Hirundo rustica）在高压线上休息，它们正在进行迁居法国的漫长旅程。

群，有时多达数千只，这便是它们的公共栖息地，英文叫roost。这些栖息地在迁徙前和迁徙过程中十分重要，因为它们能为燕子提供丰富的食物资源，用以积累或恢复脂肪储存。10月初，壮观的燕群开启漫长的旅程，它们几乎是随着黎明的第一道曙光突然离开，从前一天还在观赏它们的人眼中消失。这一现

- 左图：家燕父母双方都会照顾后代，雄鸟和雌鸟轮流为饥饿的雏鸟寻找食物。摄于荷兰。
- 上图：燕子的飞行速度很快，且像表演杂技一般，这使得它们能在飞行时捕捉昆虫。摄于葡萄牙。

象曾使瑞典著名的自然学家林奈相信，家燕会在某些水域底部冬眠，到了春天再出现。直到19世纪末才出现与之不同的假设：家燕会大规模迁往远方。这一假设在1912年得到证实，当时有一只在英国被戴上环形标志物的家燕出现在了南非。

- 上图：纳氏伏翼（*Pipistrellus nathusii*）是一种典型的森林蝙蝠，它们在冬季来临前迁徙，以寻求适合其冬眠的更温和的栖息地。摄于德国。
- 右图：在得克萨斯州的布兰肯洞穴中，巴西犬吻蝠（*Tadarida brasiliensis*）汇聚形成2000万到4000万只个体的庞大群落。
- 第244～245页图：数百万只巴西犬吻蝠在日落时分离开布兰肯洞穴捕食昆虫，形成的奇观吸引了诸多游客。

蝙蝠

目前已知约有1400种不同的蝙蝠，其中许多种类会进行迁徙，甚至是长途迁徙，以寻找更温和的气候条件或更丰富的食物供应，或两者兼备的地方。

在温带地区，蝙蝠通过冬眠来应对寒冷，以及寒冷导致的食物短缺。它们会寻找安静的地方，那里的温度必须适宜，更重要的是保持稳定，以免它们不得不苏醒过来去寻找另一个地方，因为这会带来许多麻烦，单单是从冬眠中醒过来就要消耗难以估量的脂肪储备，而这可能是致命的。它们的迁徙可以是短程，也可以是中等程度的。对于在空心树中避难的森林物种，如纳氏伏翼（*Pipistrellus nathusii*），仅靠冬眠是不能保证其生存的，因为树木的隔热效果很差，第一次霜冻就可能将它们冻死。在这种情况下，蝙蝠会进行漫长的迁徙，以到达气候更温和的地区，一旦找到合适的地点就开始冬眠。纳氏伏翼是一种欧洲小型蝙蝠，重6～10克，它们进行的长途迁徙可达2000千米，在10月左右离开繁殖地，往西南方向而去。这种蝙蝠虽然个头小，但一个晚上能飞29～48千米，最多可达80千米。

热带或亚热带的蝙蝠常因食物资源的短缺及其季节性变化而被迫迁移。巴西犬吻蝠（*Tadarida brasiliensis*）是一种食虫蝙蝠，广泛分布于北美和南美。这种蝙蝠体形中等，体长约10厘米，体重在7～12克之间，很容易辨识，它们鼻子很短，上唇有皱纹，耳朵是圆形的，最明显的是它们的尾巴，沿着

尾膜（连在两条后肢之间的皮膜）伸出来很长。狭长的翅膀使得它们能快速地直线飞行，特别是在高达3300米的高空。它们似乎是水平飞行速度最快的动物之一，记录显示能达到162千米/小时。夏季，数百万只巴西犬吻蝠从墨西哥出发，向北迁移到美国南部，而后将有90%的蝙蝠在6月出生。实际上，进行这一迁徙的主要是怀孕的雌性蝙蝠，也许是希望在更有利的环境中照顾它们唯一的幼崽。夏季，得克萨斯州的布兰肯洞穴能容纳2000~4000万只蝙蝠，这是世界上最大的蝙蝠群落之一。它们进出洞时和迁徙一样，都是成群结队，形成令游客们难忘的奇观。当秋天来临时，这一大群蝙蝠又会向南迁去。小长鼻蝠（Leptonycteris curasoae）和它们一样从墨西哥向北移动，但其目的是追赶仙人掌和龙舌兰的花期，它们是帮这些植物授粉和传播种子的关键动物。小长鼻蝠生活在干旱或半干旱地带，其食物主要是花粉、花蜜和果实。它们体形中等，属于叶口蝠科，有一个长鼻子，鼻叶小而直。它们的背部毛皮很厚，呈深灰色或棕褐色，耳朵和翅膜（翼膜）则呈黑褐色。小长鼻蝠是群居动物，它们也会大量聚居在洞穴中，尤其喜欢温暖潮湿的洞穴。

变味的绿色能源

每年，数以百万计的鸟类和蝙蝠从它们的繁殖地飞往越冬地，待环境重新变得宜居后再踏上返程。这些旅程通常十分漫长，并且充满了危险和挑战，许多动物都在途中死去。除了自然中的困难，如过度劳累、机体衰弱和恶劣天气以外，往往还存在一些人为的威胁。栖息地退化和偷捕偷猎严重影响到野生动物的生存，而近几十年来，还有另一种威胁正沉重地压在动物们本就十分艰难的迁徙之路上——用于生产能源的风电厂的开发和建造。事实上，许多鸟类和蝙蝠在迁徙时都要借风力、热气流来帮助飞行，或是减轻渡海（有时长达数千千米）的难度，减少能量消耗。为此，它们的迁徙路线一定要具备有利的地形条件。而这些地区当中有一些恰好适合建造风力发电厂，于是便引发了巨大的危险，有一项研究估计，2012年，仅在美国就有超过60万只蝙蝠因风力发动机而死。

风电厂，特别是大规模风电厂的发展，会对野生动物种群产生负面影响，包括使其失去栖息地、造成屏蔽效应以及各种干扰等，还会导致动物撞上发动机、电缆及其他相关基础设施，从而使其死亡率上升。

为了这种所谓绿色能源的可持续发展，有必要运用一些研究和预测模型，来最大限度地减少它给环境带来的负面影响，当然，首先应该避免在动物繁殖区、觅食区和迁徙路线附近建造工厂。此外有一些研究表明，对于已有的发电厂，可以通过干预措施来减少碰撞致死事件。例如，在兀鹫（*Gyps fulvus*）迁徙活动最集中的日子里，通过关闭发动机便能减少50%的影响，而年发电量仅减少0.07%；或者类似地，在蝙蝠迁徙期间降低发动机速度，便能让它们的死亡率减少93%，而年发电量仅减少不到1%。

■ 上图：人们应使用预测模型来最大限度减少风电厂对野生动物，特别是对迁徙动物的负面影响。

昆虫的迁徙

为了寻找适宜生存的环境，老练的飞行家昆虫也会踏上长途旅程。不过它们的迁徙通常涉及多代，也就是说，一次迁徙需要好几代来完成。

君主斑蝶

君主斑蝶（*Danaus plexippus*）翼展7.5～10厘米，全身呈深橙色，与黑色的翅膀脉络形成鲜明对比，其翅膀边缘也是黑的，分布着两排白色斑点。

这种鳞翅目动物因其壮丽的迁徙而闻名于世，数百万只君主斑蝶从墨西哥迁往加拿大南部，航程约4000千米。它们在每年的

3月15日左右离开墨西哥，在11月初返回，但完成旅途和开启旅途的并非同一批君主斑蝶。实际上，它们的一次迁徙需要3到5代来完成。在参与迁徙的每一代君主斑蝶中，处于生命周期各个阶段的都有：从卵到幼虫，从幼虫到蛹，最后是变形后破茧而出的成虫。

这些昆虫的越冬地长期以来一直是个谜，直到1975年才在墨西哥中部发现了它们的聚集地，几百万只君主斑蝶立在地上或树上，在这巨大的重量下，连树枝也被压弯了。它们飞起来时，挥动翅膀的声音就像是下雨声。这一聚集地对于保护君主斑蝶至关重要，1980年墨西哥政府建立了一个保护区，即君主斑蝶生物圈保护区，2008年此地被列入联合国教科文组织世界遗产名录。该保护区占地约56000公顷，大部分是米却肯州（离墨西

- 第248~249页图：数百万只君主斑蝶（*Danaus plexippus*）在君主斑蝶生物圈保护区越冬。摄于墨西哥，米却肯州。
- 左图：经过冬季滞育期后，君主斑蝶聚集在水洼附近补充水分。
- 上图：向北方迁徙之前，君主斑蝶会进行交配，但产卵将会在迁徙途中进行。

哥市约100千米）的山林。

接近3月时，气温开始上升，白昼变得更长，君主斑蝶在这些信号的引导下，打破滞育期（动物们中止或减缓新陈代谢和生理活动的时期），苏醒过来并恢复活动。在这一期间，可以看到成群的君主斑蝶飞去寻找水源以补充水分，同时这也是交配的时期，雄蝴蝶会将雌蝴蝶从其栖息处温柔地带走。在本能的指引下，以及多种定位系统，如电磁和太阳位置的帮助下，君主斑蝶开始了它们的北上之旅。在迁徙过程中，它们会抓住机会任由风和热气流带着自己飞行，此时触角派上用场——它们的触角除了能捕捉气味和声音、维持身体平衡以外，对风和气压的变化也很敏感。

经过数百千米的飞行——当然中途也有停下来休息和采食花蜜的时间——受精的雌蝴蝶就要产卵了，数量大约是200枚。不过，并非在任何种类的植物上都能产卵，而是必须找到乳草属植物，因为它们能为即将出生的幼虫提供主要营养。乳草属植物不仅是这些幼虫的营养来源，其中许多还能产生强心苷（也叫卡烯内酯），这是一种有毒物质，幼虫通过进食吸收，然后用它对付潜在的捕食者——这能让君主斑蝶（不论是幼虫还是成虫）

- 上图：在迁徙途中，君主斑蝶必须找到足够的食物来源，以补充消耗的能量。
- 右图：数千只君主斑蝶聚集在越冬地的树干和树枝上，创造出一个适于生存的小气候。摄于墨西哥米却肯州，君主斑蝶生物圈保护区。

的肉无法被消化。这也正是为何君主斑蝶能呈现出明亮的警戒色，从而吓退捕食它们的食虫动物。

要继续这趟北上之旅，还需依靠几代君主斑蝶的努力，它们将占领整个北部地区，直至加拿大南部。引领这一代代君主斑蝶的，主要就是一路向北分布的对幼虫发育至关重要的乳草属植物。

夏季末，不断减短的日照时间、凉爽的天气，以及植物的枯萎预示着秋天即将到来。幼虫面对这些变化的反应是开始贪婪地进食，以成为最长寿的一代。这一代君主斑蝶将进入滞育期，因为某种激素的减少，使其个体的衰老也随之减缓，让它们能够生存6-8个月——这正是它们迁往南方越冬，而后又成为北迁第一代所需要的时间。

飞往南方需要几个星期，迁徙的君主斑蝶在11月1日左右到达越冬地点，并在那里度过大约4个月的滞育期。这时的气候相当寒冷，可以看到成群的君主斑蝶聚在一起，形成局部小气候，以防被冻死。但另一方面，为了中断繁殖期，避免高耗能的代谢活动，低温又是必需的：只有在滞育期，它们才有可能活过春天来临前的几个月。到了春天，蝴蝶从沉睡中苏醒，而后便能进行一场新的、壮观的迁徙之旅。

▶ 行将消失的迁徙

君主斑蝶是迁徙活动最壮观的昆虫之一，可惜近几十年来，这一种群的数量正在减少，更准确地说是锐减。据估算，在过去20年里，它们的数量减少了90%以上。之所以出现这种令人担忧的现象，可归结于多种因素，其中许多都是人为造成的。对幼虫发育至关重要的乳草属植物受农业影响减少了50%，因为它们对某些杀虫剂非常敏感，特别是在美国广泛使用的草甘膦；栖息地退化和气候变化导致君主斑蝶失去了旅途中的食物来源；最后还有一点令人十分担忧，那就是有组织的犯罪团伙在墨西哥越冬地进行非法砍伐。一些勇敢的环保人士站出来抵制这种破坏行为，但为了拯救这些地方，他们常常要付出生命的代价。2020年1月，"蝴蝶保卫员"霍梅罗·戈麦斯·冈萨雷斯因为反砍伐运动而惨遭杀害，此前他曾收到严重的死亡威胁。

■ 上图：夹竹桃天蛾（*Daphnis neri*）的色彩和图案十分奇特。它是一名优秀的飞行家，能飞行很长的距离。摄于瑞士。

■ 右图：一群处于群居期的飞蝗（*Locusta migratoria*），摄于马达加斯加的伊萨鲁国家公园附近。

是迁徙还是分散？

其他许多昆虫也会迁徙，但在大多数情况下，"迁徙"这个词指代的实际上是"分散"，即追寻有利的环境和气候条件，占领新领地，例如夹竹桃天蛾，以及更为人所知的飞蝗。

夹竹桃天蛾（*Daphnis nerii*）是一种广泛存在于非洲、亚洲和南欧的飞蛾。其翅膀底色为橄榄绿（或深或浅有所差别），还有深浅不一的粉红色和棕色纹路。这种飞蛾最喜欢去有溪流的地方，那里生长着其幼虫的主要营养植物——夹竹桃（*Nerium oleander*）。夹竹桃有剧毒，但它们的幼虫对其毒素免疫。这些幼虫最初是蓝色的，随着成长慢慢变成绿色，并在身体前部长出2个蓝白色、黑轮廓的"眼睛"，如果伪装失败了，这双"眼睛"还能发挥一定的防御作用。

夹竹桃天蛾的翼展约为11厘米，飞行能力极强，在5月至6月抵达欧洲，在合适的年份里，最远能飞到斯堪的纳维亚半岛南部——虽然它们在这里也可以繁殖，但幼虫成熟后必须钻入土壤中化蛹越冬。只可惜无论如何，这里的冬季实在太过寒冷，不管处在生命周期的哪个阶段，这些天蛾都无法存活——它们的旅程到此也就结束了。

飞蝗（*Locusta migratoria*）主要分布于非洲和亚洲，因为破坏农作物而臭名昭著。这一物种要度过两个生命阶段，或者说两种"生活形式"：一个阶段是独居，一个

阶段是群居。在独居阶段，成年蝗虫生活在乡村，以那里的禾草为食。在有利的环境中（说不准是什么时候），它们就会从独居过渡到群居。

这种过渡是缓慢的，可能要涉及好几代，并伴随形态、生理和行为上的变化。它们的颜色从沙色变为深色，体长从4厘米左右增加到7厘米左右，繁殖速度非常快。聚集成庞大的群落，可能在某一时刻突然飞起，迅猛吃光飞行过程中遇到的所有植物。

水路迁徙

水生动物向来都会迁徙,不管是微小如浮游生物,还是庞大如当今地球上最大的动物之一蓝鲸。有些水生动物的迁徙能在24小时内完成,有些则需要好几个星期。实际上,有些动物需游经数百甚至数千千米,才能到达目的地进行繁殖,比如一些鲸类。

这些进行长途迁徙的动物,或是为了寻找伴侣,例如鳗鱼;或是为了找到适合幼崽生存的水域,例如鲑鱼;又或是为了搜寻食物。总而言之,水路迁徙的危险和艰难程度不亚于陆路迁徙。

■ 左图:一群麦哲伦企鹅(*Spheniscus magellancus*)捕完鱼后返回海滩休息。摄于马尔维纳斯群岛,桑德斯岛。

无脊椎动物迁徙

无脊椎水生动物也会迁徙,但壮观程度远不及昆虫的迁徙,一是因为参与的个体数量少;二是因为这些迁徙发生在深水地带,研究起来极其困难。

一路纵队

在迁徙的水生无脊椎动物当中,最著名的是生活在大西洋西部的眼斑龙虾。这种甲壳类动物的体长远超过20厘米,最长能达到60厘米,它们会进行一场壮观的迁徙活动,但其中一部分的原因我们至今仍不清楚。

已观察到的眼斑龙虾大规模迁移都发生在初秋,也就是在10月至11月之间,此时凛冽的北风呼啸,气温开始下降。这些变化是风暴季节开始的前奏。眼斑龙虾会从靠近沙地海岸或红树林覆盖着的地区迁徙到近海地区,很可能它们是在努力寻找更温暖的水域,例如靠近墨西哥湾流的海域。在过去几十年的观察中，人们了解到，眼斑龙虾游动的位置在水下2米至20米处，虽然有些情况中，在40米深处也观察到了著名的龙虾纵队。根据计算，眼斑龙虾游完10千米的距离大约需要4天。它们行动时的队形非常奇特，以单行纵队前进。但这条线路并不是直线，经常是几百米长的S形。据观察，为了确保全体行动一致，它们会用长长的触角不断碰触身前的同伴，从而与其保持联系。有时可能会看到一些眼斑龙虾脱离队伍，单独行动，但它们始终都在队伍周围。导致这些眼斑龙虾掉队的可能是队伍的某次断裂，不过它们很快就会再次加入队伍，跟在同伴身后。

在迁徙过程中，很少看到眼斑龙虾用游泳的方式移动。事实上，眼斑龙虾要以一路纵队行走好几天，它们晚间会停下来休息，天一亮便又继续赶路。研究者们确信，在迁移过程中，这些甲壳动物会在休息期间进食，它们在海床上移动，吃的便是身下那些以沙粒为食的微生物。科学家们猜想，眼斑龙虾采用的一个接一个的阵形，能够减少水与每个个体之间的摩擦，从而减少在这场特殊迁移中的能量消耗。

眼斑龙虾的定位方法也是一个未解之谜。研究人员认为它们能找准路线，应归功于海流的特点及其运动。一些学者推测，除了波浪运动外，光周期（随季节变化而变化的白天光照时间）也有助于它们在迁徙过程中定位，甚至能告诉这支由成千上万只龙虾组成的壮大队伍何时开始迁徙。这种纵队行进的迁移方式在世界上底栖甲壳类动物当中独一无二，因为其他甲壳类动物虽然也会群体迁移（如堪察加拟石蟹，拟石蟹属物种或者是更接近陆地生物的陆寄居蟹类），但从来不会像眼斑龙虾一样排列成如此整齐的队伍。

- 第258~259页图：幼年和成年的眼斑龙虾有秩序地排成一列，进行一年一度的迁移。摄于巴哈马。
- 上图：一只成年眼斑龙虾在多沙的海床上移动。摄于伯利兹，灯塔礁。

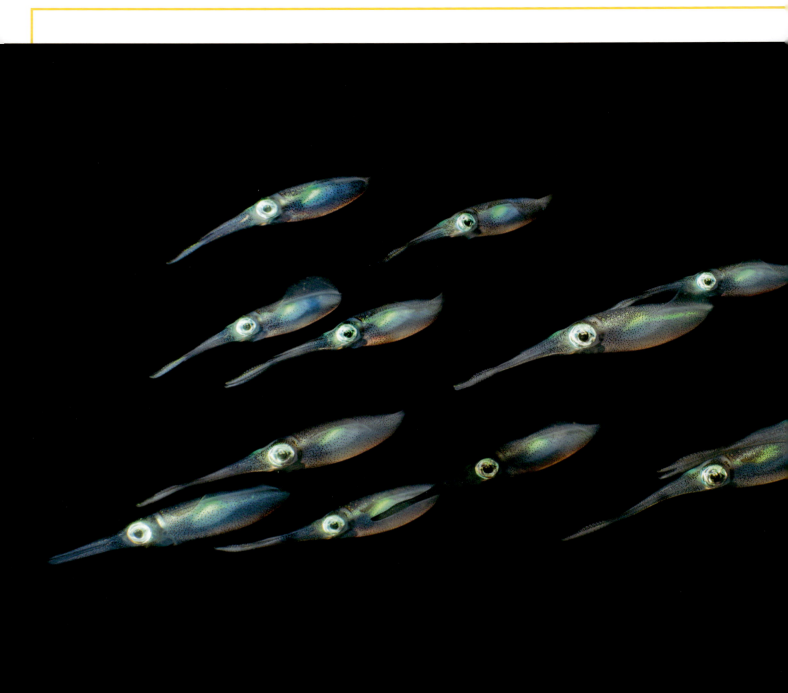

莱氏拟乌贼

在温带和热带水域中靠近海岸的区域,以及西太平洋与印度洋中珊瑚礁生长的地带,可以观察到一种软体动物门头足纲(如墨鱼、章鱼和乌贼)的特殊动物,名为莱氏拟乌贼。这种软体动物因其华丽的色彩和独特外形而为博物学家所熟知,它们可以突然变换颜色,呈现出奇妙的彩虹色和乳白色。

这种迅速改变颜色的能力使得它们成为随机应变、善于伪装的"奇才"。这正是为何这类无脊椎动物在英语中也被称为squidglitter,即"闪亮的鱿鱼"!

▶ 相反的旅程

一些稀有的物种进行了与之相反的旅程——从地中海迁移到红海。这一现象同样还处于研究当中,人类并不完全清楚。但很有可能,这条新的迁徙路线并未取得成功,因为实际上,红海已经没有栖息地可以占领,也无法提供比地中海更安全、更适宜的食物资源或庇护所。

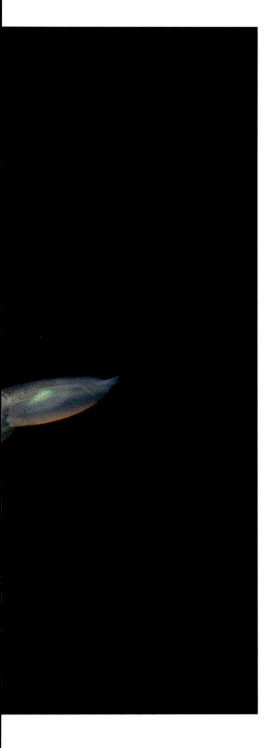

■ 左图:一群莱氏拟乌贼以紧凑的队形进行日常的迁移活动以寻找食物,它们的动作整齐划一。摄于印度尼西亚苏拉威西群岛,伦贝海峡。

莱氏拟乌贼引起学者兴趣的另一个原因是,它们每天都会进行规律性的迁移。其行进路程变化很大,从4厘米到30多厘米不等。非专业人士可能会将这类拟乌贼属动物误认作墨鱼,因为其周身长有宽大的鳍,但它们那偏圆柱体、末端尖细的身型会使我们立刻明白,面前这是一只鱿鱼。莱氏拟乌贼通常并肩而行、成群结队地游动,有时可以游到大约100米深的地方。这些生物究竟如何在每天的迁移中保持住这样的队形,直到今天我们依然没有弄清楚。可以肯定的是,随着时间的推移,所有成员都将学会互相识别,保持视线交流,检查同行者在队伍中的位置。这些软体动物每天的迁徙活动受光线变化所影响。事实上,有有亮光的时候,它们会躲藏在更深的区域,到了夜间再上升。它们在夜里最活跃,趁着黑暗捕食猎物。

最近人们在地中海也发现了这种软体动物,因为它们进行了一次特殊运动,被称作"雷赛布迁移"。许多红海生物——包括动物和植物——都会进行这种迁移,通过苏伊士运河进入地中海。"雷赛布"这个特殊的名字是为了纪念发起苏伊士运河开凿项目的法国外交官,斐迪南·德·雷赛布通过这条运河,来自印度洋的船只便能直接进入地中海,而不必环绕整个非洲。自1869年11月开放以来,除了船只,还有一些新的鱼类进入了地中海。起初这一迁移的规模并不大,因为也许对于鱼类来说,存在着一些难以克服的自然障碍。尼罗河口的淡水和"大苦湖"中极咸的湖水,在运河开通后的一些年里对各种鱼类造成了难以克服的障碍,导致红海与印度洋的动物群和地中海的动物群隔绝开来,不过这种说法还没有得到学者们的一致认可。

在阿斯旺水坝建成后,尼罗河淡水对地中海的影响力就开始减弱了。水坝阻断了约4000万立方米的水,因此,大坝上游的尼罗河水流量急剧减少,流入地中海的淡水量也随之减少。此外的另一个障碍是,苦湖在某一段时期的盐度很高,而且变化不定。或许是因为船舶出入与海流变化,几年后大、小苦湖的盐度变得接近了,使得许多对高浓度和不稳定的盐度敏感的鱼类也得以通过。于是在21世纪初,地中海东南部发现了第一批

■ 上图：一对莱氏拟乌贼正忙着在茂密的海底植被中产卵。摄于巴布亚新几内亚，米尔恩湾。

莱氏拟乌贼。地中海由于水温大幅升高——这正是导致它们迁移的有利因素——竟成了这种典型的热带水生物种的宜居水域。事实上莱氏拟乌贼完美地揭示出，地中海水域受到了气候变化的影响。

这种软体动物的数量必然会在这片海域，以及其他正经历所谓"热带化"的海域增加，因为随着温度上升，它们的产卵数会越来越多（甚至超过1000枚），并在一年四季排出。卵的孵化速度也会随温度变化而变化，温度越高，小乌贼（与成年乌贼长得一模一样）从卵中出来的时间就越短。此外，水温影响的似乎不仅是其生长速度和性成熟时间，还有它们的寿命。

这便会招致另一个后果：所有以莱氏拟乌贼为食的鱼类都可能增加或迁移过来。这是地中海动物群变化的前奏，而随着时间的推移，这种变化将越来越明显。■

记事本

强行登船的无脊椎动物

船舶也是众多无脊椎动物迁移到地中海的交通工具，无论是货船、游轮还是私人船舶。事实上，对于许多固着动物（它们通常会附着在坚硬的基质上，且一旦附着上就不再与之脱离）和滤食性动物来说，浸入水下的船身是一个完美的附着表面，能够带着它们去往四方，让它们有源源不断的食物。帕维亚大学在2017年和2019年进行了一项研究，分析进入利古里亚、托斯卡纳和撒丁岛港口的船只上附着的所有无脊椎动物。该研究得出的数据令人惊讶，私人船舶，例如游艇和帆船，是最能帮助这些生物迁移、占领新环境的船只。因此，新西兰和澳大利亚等一些国家规定，船只进入港口前，必须清洗船体。

■ 上图：可以看到，海洋生物（包括植物和动物）为其附着的船体带来了严重损害。

聚焦 由暗入明

浮游生物是海洋世界里的主要食物来源之一，包括浮游动物（zooplancton）和浮游植物（fitoplancton）。"浮游生物"一词来自希腊语，意思是"漂泊者"，这体现出它们在迁徙时只能竖直上下移动，而无法水平前进。一部分浮游生物生活在深水区，但并非一整天都待在那里。在日落前两个小时左右，浮游生物开始向水面上升。导致它们每日竖直迁移的关键因素是光量的减少，这进而改变了三个要素：浮游植物的分布、营养物的浓度，还有温度。夜里，浮游生物上升到水面，在那里它们可以找到更明亮的水层和更多的营养物质，并且温度更高。那么，为何浮游生物白天又要转移到一个不太舒适的环境中呢？或许是因为天亮时，在光线稀少的深水区，浮游生物能找到更安全的庇护所以躲避捕食者，而且在那里，它们能减少能量消耗，因为在更寒冷的水域，这些微生物的新陈代谢就会减慢。在北冰洋的夏季，这种迁徙会停止几周，因为那时营养物质非常多，对浮游动物很有诱惑力，使得它们一直停留在海面附近。据观察，正在改变海水温度、盐度和酸度的气候变化，已经引起了浮游生物的行为变化。但这些变化是否会导致以及将导致什么后果，还需要长时间的研究。

■ 左图：一只底栖水螅水母（*Ptychogastria polaris*）与海藻融为一体。它是浮游生物的一种，每天进行竖直迁徙。摄于格陵兰岛，塔西拉克。

鱼类的迁徙

不管是在无边无际的海洋中,还是在内陆的淡水里,人们已经对鱼类的迁徙做了大量详细的研究。尽管人们已做出许多尝试,以便彻底弄清这些动物的长途旅程,但至今依然存在着一些谜团。

通常情况下,鱼类迁徙是为了获取食物或寻找繁殖地。谈到水下世界的迁徙,很容易便会想到两种典型的迁徙:顺流型和逆流型。前者常见于一生大部分时间生活在淡水中,但为了繁衍后代必须进入海洋的鱼类,最著名的例子之一是鳗鱼。相反,进行逆流型迁徙的则是主要生活在海里,但为了繁殖必须去往河流或湖泊等淡水中的鱼类,其中最著名的有鲑鱼和鲟鱼。

鳗鱼

有一种鱼类的逆流迁徙很出

- 第268～269页图：一群大西洋鲑（Salmo salar）沿着加拿大的一条河流向上游，去往山区的湖泊中产卵。摄于加拿大魁北克省，加斯佩半岛。
- 上图：正处于玻璃鳗期的幼年鳗鱼，此时它们的身体还是透明的，呈蛇形。摄于英国，格洛斯特郡。
- 右图：这些成年鳗鱼在一个雨夜中翻越岩石等障碍，继续迁徙。

名，但仍笼罩着一圈神秘的光环，那就是鳗鱼。早在古代时期，这些独特鱼类的迁徙就引起了亚里士多德和老普林尼两位伟大学者的注意。他们都认为这种鱼是从泥土中自然长出的。要揭开这个谜团，搞清楚鳗鱼并非"自己长出来的"，还得等到卡洛·蒙迪尼——一位出生于意大利的科学家来揭晓。18世纪末，他成功观察到一条雌性鳗鱼，发现其体内有一个生殖器官。直到19世纪20年代初，人们才捕获一条雄性鳗鱼用以研究。这下没有任何疑问了：鳗鱼和其他生物一样，是有生殖周期的鱼类。不过，当时还没有任何人见过一条鳗鱼幼体！19世纪末，两位意大利博物学家发现了一种完全透明的蛇形鱼幼体——柳叶鳗，它长着长着就会改变颜色和体型，变得更黑、更细长。事实上，经过一段时间后，柳叶鳗就在他们的眼皮子底下变成了玻璃鳗，即鳗鱼的幼年阶段！但另一个待解谜团是，在捕获鳗鱼幼体的区域，没有任何比其更年轻的幼年或成年个体。要解答此疑问，需等待一位名叫约翰内斯·施密特的丹麦海洋学家，他在20世纪初研究鳕鱼时，偶然发现一片水域，里面有许多透明的鳗鱼幼体，这些幼体现在被叫作"柳叶鳗"。在许多渔民的帮助下，施密特得以进行大量观察，并积累了大量数据，很快就确定了哪片海域中的鳗鱼幼体最多，更重要的是确定了哪里的鳗鱼幼体处于生长初期。结果显示是位于亚速尔群岛和大安的列斯群岛之间的马尾藻海。不过仍需等到20世纪80年代的海洋学运动以及2006年至2007年完成的一些研究，来进一步了解这些特殊鱼类的运动。

今天人们知道，地球上几乎所有的海洋中都有鳗鲡科动物。它们将卵产在马尾藻海里超过400米深的地方，在那里，春季温度始终保持在11摄氏度左右。鱼卵受到深海的保护，在稳定的环境中成长，柳叶鳗孵化出来后，在夏季向上漂到海面，以便尽早进入温暖舒适的墨西哥湾中。这是它们的第一次被动迁移，即幼体任凭水流带着自己四处漂流，持续1到2年。到达海岸附近后，这些透明的幼体将开始蜕变成幼鳗。一条柳叶鳗变成幼鳗所需的具体时间因物种而异，但这个过程必须在到达河口之前完成，因为它们很快就得溯流而上了。不过，并非所有鳗鱼都要开启这趟旅程，只有雌性才会进行这种危险而艰难的旅程，它们要逆流而上，直至抵达淡水湖，并在那里生活10年左右。在这些湖泊中，鳗鱼白天躲在水底休息，夜晚出去寻找食物，或主动捕猎，或食用偶遇的动物尸体。

在这些年中，雌性鳗鱼可以长到半米长，这时它们被叫作"大鳗

鲡"。之后，它们就将开启返程，回到河口，并在那里和雄性鳗鱼相遇，后者在这些年里一直留在沿海地区的咸水当中。现在，雄性和雌性鳗鱼都已准备好进行生命里的最后一次迁徙，回到马尾藻海。不过，在开始漫长的旅程之前，雄性和雌性鳗鱼都要经历一些重要的身体变化。首先是体色，原本是深绿中带点黄，现在底色变得更深，带有银白色，这将有助于它们在大海里更好地伪装自己。另一个重要的变化是，鳗鱼会在体内以脂肪形式储存适当的能量，因为在迁徙期间它们很可能什么东西也不吃，事实

上，它们的消化系统会退化许多。与之相反的是，生殖系统和眼睛会进一步发育。可能是因为进入血液循环的一些激素作用，它们的眼睛会发生巨大变化，变得更大，并长出一个更大的晶体（就如同我们眼睛里的晶状体），以使它们能更好地适应深水区的少量光线。

现在，雄性和雌性鳗鱼都已准备好踏上7000千米长的旅程，回到它们出生的地方马尾藻海。如前所述，这也将是它们最后一次迁徙，因为它们在繁殖后不久便会死去。这场非同寻常的迁徙是出于繁殖的需要，但人类对其还尚未完全

了解，这趟旅程仍被一圈神秘的光环所笼罩着。为尝试解答至今存疑的问题，研究人员开始研究一种特殊的鳗鱼——欧洲鳗鲡（Anguilla anguilla）。准备好交配的成年雌性欧洲鳗鲡通过第一次迁徙开启繁殖之旅，从淡水迁移到咸水。第一次迁徙发生在秋季，并且通常是在夜间。如果被困在了某片水域中，凭借其强大的本能，它们可能会先离开水，在陆地上爬行一段。这就是为什么鳗鱼更喜欢在秋天开始迁徙，因为这个季节降雨多，容易形成露水，让它们必要时至少能在潮湿的陆地上移动。

尽管欧洲鳗鲡是人类研究最多的物种之一，但它们到达河口之后的生命周期就不太为人所知了。事实上，不管是它们去往繁殖地的迁徙路线，还是幼体从马尾藻海去到欧洲海岸的路线，人们都不甚了解。这是因为在直布罗陀海峡中，不论是鳗鱼成体还是幼体，迄今为止都从未观察到它们的踪迹。人们主要的疑问之一是：鳗鱼幼体如何定位而重新找到它们父母曾经出发的那条河？人们认为，鳗鱼幼体和成体都拥有高度发达的嗅觉，这能帮助幼体定位正确的路线，但在迁徙途中，它们很可能还利用到了地磁场。事实上，2019年一篇研究人员发表的论文指出，挪威的鳗鱼幼体的行为与月相有关——地球的这

■ 左图，一群驼背鲑（Oncorhynchus gorbuscha）和红鲑（Oncorhychus nerka）正沿俄罗斯的一条河向上游去，以抵达它们的交配地点。图片中，这两种鱼的一袭"礼服"十分美丽。

颗"卫星"似乎为鳗鱼到达正确终点提供了有用的指引。不幸的是，由于过度捕捞，以及它们复杂的繁殖周期，这些非凡的迁徙者正面临着严峻的灭绝危机。

鲑鱼

另一种因进行漫长而艰辛的逆流迁徙而闻名的鱼类是鲑鱼（鲑科）。鲑科中最著名和最重要的物种（也是人类吃得最多的物种）包括大西洋鲑（Salmo salar）、红鲑（Oncorhynchus nerka）、大鳞钩吻鲑（Oncorhynchus tshawytscha）、驼背鲑（Oncorhynchus gorbuscha）和银鲑（Oncorhynchus kisutch）。这些鲑鱼喜欢生活在欧洲、亚洲和北美洲地区含氧量高的寒冷水域里。对于它们来说，生命始于清澈、凉爽，以及富含氧气的山间河水或湖泊中。成年鲑鱼会来到这些安静的地方产卵。例如在冬季，雌性大西洋鲑一抵达高海拔的湖泊（典型特征是水浅，湖底多砾石），便会在不超过30厘米深的地方挖掘一个洞，用以产卵。当雄性完成受精后，鲑鱼父母会将卵遮盖住，任其自生自灭。这时候，成年鲑鱼通常就会死去，很少能返回大海，进行生命中第二次繁殖迁徙。90%以上的雄性大西洋鲑在产卵后都死于河流或湖泊中，原因包括体力不支、向上游的时候受伤，以及繁殖季之前不得不经历的巨大的身体变化等。雌性鲑鱼的命运则略有不同，40%左右的雌性鲑鱼不会立即死掉，而会返回大海，但能进行第二次繁殖的只有不到10%。

它们产下的鱼卵会在7个月之内，即3月至4月之间孵化，具体孵化时间与水温有很大关系。幼鱼一直躲在岩石和沙质湖底的缝隙中，直至其发育到能独立捕食小型无脊椎动物。而后，它们要尽可能地多地进食，让身体快速长大。它们要在出生的湖泊中待上数年，然后才能进行迁徙。通常情况下，从河流溯游至大海的旅途在夜间进行，且不是单独行动，而是成群结队而行。到达河口后，它们也不会直接分散地游入海中，而会在咸水中先待上几个月，有时甚至超过1年，以便继续捕食它们最喜欢的食物——甲壳动物。届时，它们将准备好开始更深水域的海洋生活。在大海中，鲑鱼会充分伪装自己，它们的背部呈蓝灰色，腹部为白色，这种体色陪伴它们度过海中的所有岁月，直到它们为了繁殖逆流而上之前，才会发生微妙的变化——颜色变得更加明亮，身体呈现出红褐色甚至黄绿色，雄性鲑鱼身上还会出现清晰可见的橙色或黑色斑点。除了体色变化，雄性鲑鱼的吻部形状也会发生巨大变化。它们的颌骨会发生变形，产生一个类似吻突的部位，为其溯回途中的进食带来困难，因此人们认为，雄性鲑鱼在整个迁徙过程中都不会进食。

这一切便是鲑鱼身体上承受的巨大压力的来源，也是90%的情况下雄性鲑鱼死亡的原因（这一点与雌性鲑鱼不同）。在溯回至产卵地的过程中，雄性鲑鱼体色会发生变

化,其中一个更突出例子是红鲑。进入淡水后,雄性红鲑的全身,包括鳍,便会由海水期的浅色转变为鲜明艳丽的红色。背上的中间部分还会形成一个"驼峰",头部变成美丽的亮绿色,下巴大幅度弯曲变形。无论生活在何处,所有鲑鱼在迁徙过程中都不仅要应对疲劳、捕食者攻击和可能发生的意外——比如在河流最湍急的地方撞到岩石,还要面对人类造成的种种问题,其中一些是它们无法克服的。事实上,鲑鱼在溯洄过程中,可能会遇到水力发电站,部分河段变成陆地,或被纳入人工运河的管制,以及河水被严重污染和人类滥捕滥捞的情况。它们遇到的最大问题之一是人工建筑,这常常会阻碍它们到达产卵地。其中一个例子是莱茵河,那里曾经盛产大西洋鲑,但它们现在已不可能再沿这条河溯洄而上了,实际上自20世纪50年代起,大西洋鲑就不再生活在这片水域中,成了该地区的灭绝物种。

鲟鱼

几乎所有鲟鱼都像鲑鱼一样进行逆流迁徙,即溯河洄游。最著名的要数鲟属和鳇属,其中包括大西洋鲟（Acipenser sturio）、尖吻鲟（Acipenser oxyrinchus）和欧洲鳇（Huso huso）。当然,必须记住自然界中总有例外。事实上,上述溯洄型物种中的一些鲟鱼,例如体长最长可超6米,体重近1吨的白鲟,一旦发育到如此庞大的体形,它们就不会再沿河而上前去繁殖,而会在大海里度过余生。奇怪的是，另有一些溯洄型鲟鱼，出于各种原因，一直被困在淡水中，而后逐渐适应，并在那里度过整个生命周期。但一般来说，鲟鱼为了进行繁殖是需要进行迁徙的。它们在一年当中最温暖的时候，即春季和夏季之间产卵，因为水不能太冷。产卵的河中必须始终有缓流通过，以保持充足的氧气。卵被安放在水下几米深的砾石上，并受到某种由蛋白质构成的胶状物质所保护。孵化时间约为10天。

幼鱼要在它们出生的河里停留1年，吸取养料，长到足够大之后才能开启回到大海的漫长旅程。但它们并不能一次就完成下海的过程。有些鲟鱼会分段游下去，在离河口不同距离的地方分别停留。之所以出现这种行为，或许是因为它们必须慢慢适应水中化学成分，特别是盐度的不断变化。这些鲟鱼要在大海中度过10年以上的时间，而后在秋冬季节返回出生地。许多种类的鲟鱼不会在第一次繁殖过后死亡，因此它们可以迁徙多次，这同时也归功于其寿命长——它们几乎能存活1个世纪。

■ 左图：穿着"礼服"的雄性红鲑集体前往即将进行交配的湖泊。摄于加拿大。
■ 上图：一条大型鲟鱼靠近水底缓慢地游动。摄于罗马尼亚，多瑙河三角洲。

聚焦 改变是有用的

鱼类已经习惯了根据环境的不同，自主调节体内水分和盐分的进出。其体内水分倾向于从盐分浓度较低的地方转移到浓度较高的地方。生活在淡水中的硬骨鱼，当水中的盐度低于其体内盐度时，必须防止过多的水进入身体里。因此，它们通过鳃吸收水分，并排出大量的尿液来处理多余水分。相反，生活在海水中的硬骨鱼，由于水里的盐度高于体内，为了避免因排出过多的水分而导致脱水，它们便要通过鳃来排出大量的盐分，并减少尿液排出。但与此不同的是鳗鱼、鲑鱼和鲟鱼，它们是"广盐性鱼类"，也就是说，它们通过皮肤、眼睛、鳃和内部器官的适应性变化，能够很好地适应水中盐度的巨大变化。例如鳗鱼，当它们从淡水河流进入大海时，肠道会萎缩，并利用身体其他部位调节盐分。还有鲑鱼，当它们游入大海时，身体和行为上都会发生变化，这个过程被称为"蜕变"。开始时，它们的皮肤很厚，含有丰富的黏液细胞，肠道不吸收水分，它们也不喝水，这个阶段它们的领地意识很强。之后，肠道对水的渗透性变得更强，鱼鳃发展出某种结构，用以排出多余的盐分，这时候它们是成群生活的。成年鲑鱼回到淡水后会停止进食，它们的机体将再次发生变化，这是为了繁殖做准备，让它们能适应在淡水中的短暂停留。

■ 左图：无数条驼背鲑正在迁徙，它们正沿着一条淡水河流向上游去。摄于阿拉斯加。

脊椎动物的迁徙

许多水生动物能准确无误地完成复杂的迁徙旅途，有时长达数千千米，这是因为它们能够将自然环境提供的各种资源利用起来。

海龟

海龟迁移的目的地既可以是适宜繁殖的海滩，也可以是食物充沛之地。实际上，觅食的成年海龟并不会在大海中四处游荡寻找可口的食物，而是通过迁徙去往特定的区域觅食。有时在靠近海岸的地方可以看到这些爬行动物，有时则在远海更容易发现它们，它们的迁移往往与季节变化有关，在一年的不同时期，海龟们从一个地区移动到另一个地区，以便始终能有丰富的食物。

除了这类迁徙，雌海龟为了产卵也得进行迁徙，回到出生的海滩，这才是最壮观的。今天有许多研究试图解释这些神奇动物如何能成功找到它们出生的海滩。目前已知的是，小海龟一孵出来便会从龟巢爬到海里，几年后它们要

回到这些海岸线和海滩时，还能调取出所有需要的信息。对于刚刚孵化出来的小海龟，浪涛大概是帮助它们识别方向的第一种自然现象。事实上，在夜晚孵化的小海龟初次抵达大海时，无法用眼睛来确定方向，但海浪可以让它们知道，自己是否正去往走向大海深处。如果海龟是逆着海浪游动，那么它会被浪花推到高处，然后落下来，最后被推向大海方向。如果是顺着海浪的方向游动，则会出现完全相反的情况，小海龟可能在岸边就结束了生命——或许是撞上尖锐的岩石，或是被推到有更多潜在捕食者或危险的地方。不过在游到很深的地方之后，它们就不会再感受浪涛的翻涌，小海龟将在体内"磁罗盘"的引导下去往目的地，并且这个"磁罗盘"将伴随它们一生。事实上，人们在海龟大脑中发现了一些小小的磁矿颗粒，这能帮助它感知磁场线的强度和倾斜度，从而实现定位作用。小海龟能够记住某片区域的典型地磁场特征，并在多年以后精准地识别出来。

被研究的对象之一是雌性绿海龟（Chelonia mydas）。要记住，雌海龟在其一生中要进行的迁徙是更加复杂和漫长的，因为它们必须从觅食区向繁殖区迁移，回到筑巢的海滩，然后再前往接下来几个月里要觅食的地区。事实上，雌海龟倾向于回到以前的觅食区，因为它们确信那里能找到合适的食物，从

■ 第278~279页图：一只肥大的雌性绿海龟（Chelonia mydas）产完卵后，趁着天色微亮返回大海。摄于哥斯达黎加，托尔图格罗公园。
■ 左图：完成产卵后，这只雌性绿海龟正准备用沙子覆盖龟卵。摄于夏威夷群岛。
■ 上图：一只成年麦哲伦企鹅在海里觅食后，爬上了沙滩。摄于阿根廷。

而为下一次繁殖做准备。绿海龟便是其中一个突出的例子，它们在大西洋南部的阿森松岛筑巢，但觅食地点却在巴西的海岸。它们在迁徙过程中会匀速游动，最大速度为每小时2千米，因此它们能够完成长途迁徙，且在到达目的地时不至于筋疲力尽。

世界各地研究人员的其他待解问题还有：海龟最终去了哪里？小海龟完成孵化后会做什么？在48小时内，它们会不知疲倦地游动，从不停歇，一直游到大海中去，之后它们可能会遇到巨大的洋流，比如墨西哥暖流，而后随波逐流，完成好几个迁徙周期。这种情况甚至可能持续30年，这段时间被研究人员称为lost years，即"失去的岁月"，因为很可惜，今天人们对此掌握的直接信息依然极少！许多年

过去后，小海龟已成年，它们会靠近海岸，在那里找到最理想的觅食地，研究人员也终于可以研究和观察它们了。

企鹅

企鹅无疑是最完美适应了水生环境的鸟类，这通过观察它们的流线型身材、长有蹼的双脚，还有已变形为"鳍"的翅膀便能看出来，这对翅膀对游泳很有帮助，让它们甚至可以游到500米深的地方寻觅食物。

企鹅的胸肌能帮助它们吸入大量氧气，这使它们在游泳时具有更大的自主性。通过在水中扑打翅膀，它们能以略高于10千米/小时的速度匀速游上几个小时，在遇到危险时其速度甚至可以超过30千米/小时。头和腿的位置也

有助于其游泳和减少摩擦——企鹅的头紧缩于肩膀之间，腿也紧贴着身体。它们的羽毛被皮肤分泌的油脂覆盖，因而具有防水性，同时还能防止空气贮存在羽毛中，避免了浮标效应，从而节省了它们停留在水下所需消耗的力气。为了能在游泳时呼吸，企鹅养成了一种特殊的行为习惯，叫作"豚游"，也就是在吸气时也不停地游，通过跃出水面呼吸来保持最佳速度。

为了到达繁殖地，麦哲伦企鹅（*Spheniscus magellanicus*）要在南美洲海岸附近的大洋水域进行长途迁徙，对它们来说，所有这些对水中生活的适应性变化都非常重要。这些企鹅的繁殖地包括智利南部与阿根廷北部之间的海岸，以及马尔维纳斯群岛。不过还有少数种群能一直迁移到南回归线，在非常温暖的地区产卵、抚育后代。事实上，与一般企鹅（企鹅大家族的名字）相比，麦哲伦企鹅是喜欢待在更温暖地区的物种之一。经常在这些温暖的环境中活动，并且拥有厚厚的一层隔热脂肪，会导致它们体内热量积聚，这是很危险的，正因此，有时可以看到它们在海滩上张开翅膀，试图驱散身体里多余的热量。

麦哲伦企鹅为到达温暖得多岩石沙质海岸（通常有低矮植被覆盖）所进行的迁徙，应该是分段进行的。学者们推测，这些企鹅时而会快速游动，一天前进数十千米，时而则停在沿海地区休息，如此这般交替进行。迁徙的时间长短因其出生海滩的位置而异，但它们往往能跨越数百千米的距离，甚至游过2000多千米去产卵。至于回程，首先准备出发的是这一年刚出生的企鹅宝宝。它们一旦完成最后一次蜕毛，长出能适应更寒冷水域的羽毛，就会全体一起首次下水，聚集在大片水域中等待成年企鹅。与父母集合后，它们将一起向寒冷的海洋出发，进行生命中第一次迁徙。在接下来的几个月里，它们会放弃持续了整个繁殖期的陆地生活方式，远离海岸，去1000千米外的地方寻找食物。

最近有研究发现，麦哲伦企鹅的眼睛不能识别红色。在它们经常觅食的深水区，这种颜色是相当罕见的。但它们似乎对蓝色和绿色以及紫外线非常敏感，这种能力对于其在更深水域拦截猎物是不可或缺的。只可惜，这一超凡鸟类在迁徙过程中还要面对多方面的问题。

最危险的情况之一是遇到船只，这会给它们带来严重伤害；此外，掉入捕捞沙丁鱼的渔网里有时也会带来致命危险，这会阻碍它们返回水面呼吸。为了保护和追踪麦哲伦企鹅各个种群的迁徙进程，人

■ 左图：一大群麦哲伦企鹅正打算孵卵。摄于阿根廷，巴塔哥尼亚。

右图：3头灰鲸（Eschrichtius robustus）正在迁徙途中，它们将去到温暖的墨西哥水域。

们用一种特殊技术进行了一些监测活动：研究人员通常会等繁殖季结束、成年企鹅完成一年一度的换羽之后，给它们装配卫星发射器，这个发射器发送的重要信息里不仅有企鹅们所走的路线，还包括它们旅途中最一些重要的觅食点。

通过这种方式，年复一年，就能发现这些企鹅迁徙方向的变化，以及有多少只企鹅到达了目的地、哪些海域是它们最常去的地方。这有利于人们启动相应的保护计划——不仅要保护麦哲伦企鹅，还要保护它们常去的所有地区。

灰鲸

灰鲸（Eschrichtius robustus）是一种鲸偶蹄目动物，隶属于须鲸亚目，因为它们的嘴里没有牙齿，而是有一些被称为"鲸须"的结构。这些从上颚垂下的鲸须板，其组成与我们的指甲、头发相同，须鲸在游动时张开巨大的嘴巴，吞下数以吨计的海水，然后用鲸须来充当筛子，滤出食物。灰鲸体长约15米，重逾40吨，既不是世界上最大的鲸类，也不是速度最快的鲸类（其速度只有每小时几千米），更不是潜水最深的鲸类（最多潜到150米），但它们以壮观的迁徙活动闻名！该物种多分布于北太平洋的寒冷水域中，它们最远能到达墨西哥海岸。

灰鲸的迁徙距离往返长达20000千米。夏季它们能在北极海岸含氧量高的寒冷水域中找到丰富的食物，冬季则要去到南太平洋的温暖水域寻求庇护。这个漫长而艰辛的迁徙之旅对于雌鲸来说尤为重要，这让它们不用在寒冷的北极水域，而是在更温暖舒适的水域生产。孕育幼鲸的交配行为也发生在这片水域。

在这段持续约6-7个月的时间里，灰鲸不吃东西，体重下降30%。这样的减重是非常必要的，因为虽然脂肪在冰冷的极地水域中必不可少，但只有减掉一部分脂肪，它们到达温暖的热带水域后才不会过热。在交配季节结束时，也就是冬季结束时，灰鲸已经准备好进行迁徙的第二程，这次它们将去到寒冷但食物充足的北极圈。在实际情况中，灰鲸并不是全体一同迁徙，最先（1月到3月）向北迁徙的是雄鲸、幼鲸和怀孕的雌鲸，因为后者需要积累的脂肪最多，以备未来的妊娠期和接下来一年的哺乳期使用。

第二次北上发生在4月至5月之间，这时雌鲸带着出生几个月的幼鲸向北出发。它们更晚出发，是为了让幼崽尽可能长大，依靠营养丰富的母乳积攒必要的脂肪，以应对更寒冷的水域，并在漫长的旅途中生存下来。迁徙不仅对灰鲸的生存至关重要，多年来还变成了吸引成千上万旅客的旅游看点，人们聚集在美国太平洋沿岸，见证这些神奇动物的迁徙之旅。

4 / 团结就是力量：共生

概述

团结就是力量？

地球上存在着多种生态系统，动植物在其中和谐共存，彼此间形成了各种不同类型的关系：有一些物种相依为命；有一些只是共享同一个空间，相互漠不关心；还有一些则不惜一切代价来避开对方。在这个大环境之中诞生了共生现象，即两个或多个生物之间存在的特殊互动关系，其中个头较小的生物通常被称作"共生体"，个头较大的则被称作"宿主"。"共生"一词包含了数层关系，不过，地球上的生物是如此多样，人们很难对这些关系进行分类，也正是由于这个原因，几个世纪以来，"共生"的定义被不断地修改。

如今，共生关系被分为三种：所有参与者都能获利的互惠共生；一方给另一方提供生存所需物质的寄生；对一方没有影响，而对另一方有益的偏惠共生。

这三种共生关系之间的界限并不是那么明晰。受到环境、物种等因素的影响，我们往往无法轻易界定生物间的共生关系到底属于哪一种，因此，极易做出错误的判断。

根据共生策略的不同，我们还能够对这三种类型做进一步细分：专性互惠共生是指共生双方之间相互依赖、相依而生；兼性互惠共生是指两种能独立生存的生物间的协作关系。除此之外，自然界中还存在合体共生和间断共生两种情况：海藻与珊瑚之间彼此结合，属于前者；清洁鱼及其宿主之间彼此独立，没有结合在一起，属于后者。

互惠共生

许多人理所当然地认为"共生"是一种共赢，实际上，这只适用于互惠共生的情况。在所有的共生关系之中，互惠共生是最有名的一种，正是因为它能给所有参与方都带来好处，因此普遍存在于所有的生态系统中。

在一个共生关系中，参与方往往极为不同。以植物和传粉动物为例，在进化过程中，为了迎合传粉者的喜好，植物开出了多彩芬芳的花朵，传粉者也进化出了与特定类型的花朵相适应的传粉习性或生理特征。例如，仅在夜间开放的花朵会由蝙蝠等夜行动物传粉。

对于某个特定的物种来说，具备丰富的生物多样性始终是一个优势，这个论断在不同的生物类群中也同样适用，不同的生物为了寻找更多更好的食物来源，而相互合作的例子并不罕见。

例如，安波鞭腕虾（*Lysmata amboinensis*）需要花费很长的时间来觅食，但若以鱼牙齿间的残渣为食则可以省不少事，被服务者也非常享受这一过程，它们会耐心地排队等待清洁虾为自己服务。

- 第286~287页图：拟䲗（*Parapercis*）等鱼类也要对付恼人的寄生虫。摄于印度尼西亚，阿罗尔群岛，潘塔尔岛。
- 第288页图：一只牛椋鸟正在帮高角羚（*Aepyceros melampus*）清理身上的寄生虫。摄于肯尼亚，马赛马拉国家保护区。
- 右图：灰色地蜂（*Andrena cineraria*）等蜜蜂是最重要的传粉者之一，它们的工作对许多植物的生存至关重要。

有时，共生体和宿主之间的共生关系给双方都带来了极大的好处，二者之间的联系是如此紧密，以至于在没有一方的情况下，另一方的生存都会受到影响，反刍动物与它体内的细菌菌群就是如此。

寄生

地球上所有的自然环境都兼具美丽与危险这两个特点。寄生是许多生物采用的一种生活方式，大部分寄生动物的体积都非常小，能够在牺牲一个或多个宿主的情况下，完成或复杂或简单的生物循环。

这种共生关系只对一方有利，会给另一方带来不便，甚至导致另一方死亡。宿主能够为寄生动物提供食物来源、代步工具以及良好的繁殖环境。对于宿主来说，如果无

■ 左图：一只安波鞭腕虾以豆点裸胸鳝（Gymnothorax favagineus）口中的残渣为食。摄于印度尼西亚，巴厘岛。
■ 上图：在美洲大陆上，生活着一种以血为食的蝙蝠。

法避免被寄生的命运，那么它就需要寻找保护自己的办法。为了生存下来，像吸血蝙蝠这样的寄生动物会随机寻找一个宿主，从宿主身上获取营养；还有一些寄生动物则会将宿主的身体当作一个或临时或永久的家，在宿主体内生长、繁殖，某些种类的扁形虫就是如此。

像蚊子这样的寄生动物是更加危险的存在，因为它们是病毒和细菌的载体，为后者提供了适宜的繁殖环境，因此，能够在宿主体内引发一些致命的疾病。

自地球上生命诞生之初，寄生就已经存在，尽管这种关系对于宿主来说是有害的，但却给寄生动物带来了无与伦比的便利。随着时间的推移，一些物种已经进化出了非常完善的寄生策略，它们甚至能够欺骗宿主，为所欲为，如布谷鸟及其后代。

偏惠共生

偏惠共生不是发生在两个生物之间的专性共生关系，而更像是适逢其会，有需要的一方会利用这个机会，在不伤害另一方的情况下获得好处。对于所有生物来说，食物都是一种极其宝贵的资源，这种特殊的共生关系就与食物有着千丝万缕的联系。自然界中生活着一大群被称为"清道夫"的动物，它们将偏惠共生变成了一门真正的艺术。兀鹫就是其中一员，这种鸟类以腐肉为食，它们的猎物不是由于自然原因而死亡，而是亡于其他掠食者之手。兀鹫要做的就是等待他人饱餐一顿后，再吃掉剩下的食物。

- 上图：一只金雕（*Aquila crysaetos*）正以赤狐（*Vulpes vulpes*）的尸体为食。摄于挪威，特伦德拉格郡。
- 右图：一条鲸鲨（*Rhincodon typus*）充当了短䲟（*Remora*）的代步工具。摄于印度尼西亚。
- 第296-297页图：非洲野水牛（*Syncerus caffer*）的背部是牛背鹭（*Bubulcus ibis*）寻找虫子吃的好地方。摄于博茨瓦纳，乔贝国家公园。

　　在偏惠共生带来的诸多好处之中，获得食物只是其中的一种。为了节约宝贵的体力，有些动物会搭另一种动物的顺风车。短䲟对这个省力的办法再熟悉不过，这种鱼的头部长有一个特殊的吸盘，利用这个吸盘，它们能够附着在更大的生物身上，探索更广袤的海洋。

　　有时，为了获得一个庇护所，有一些生物会选择与其他生物结合，这就是所谓的"寄栖共生"。獾和红狐两个不同的物种会共享同一个洞穴。在某些更极端的情况下，宿主本身甚至会成为共生体的家，啄木鸟在树干上凿洞筑巢就属于这种情况。还有时，某些动物会"继承"已死亡的动物的巢穴，这不算是同居，而属于"后继共生"，人们熟知的寄居蟹就是如此。

　　以上类型的共生关系能够给共生体带来好处，对宿主无利无害。然而，随着时间的推移，偏惠共生也可能会变成寄生或互惠共生。

彼此互利的互惠共生

在为了生存而进行的斗争中，结盟和合作无疑可以给彼此带来不少好处。互惠共生是这样一种特殊的共生关系，这种关系有时较为疏远，只是为了获得食物或庇护所的暂时性合作；有时又十分紧密，一方离开另一方就无法生存。

在本章中，我们将探究一些复杂的关系，了解珊瑚和藻类、反刍动物与其消化系统中的微生物之间的故事。我们还将讨论自然界最重要的共生关系之一：被子植物（Angiosperms）和动物之间的共生关系，这种共生关系与包括人类在内的所有生物的生存息息相关。

■ 左图：一只红尾熊蜂（*Bombus lapidarius*）在花花绿绿的欧洲油菜（*Brassica napus*）上进食的特写。

用食物换取清洁

有些小个头动物以死皮、寄生虫或藻类为食,它们会为体形大得多的动物提供细致的皮肤护理和牙齿清洁服务。大型掠食性鱼类会张开嘴巴,让小不点儿们在它们的牙齿之间大快朵颐。

红嘴牛椋鸟和大型食草动物

红嘴牛椋鸟(Buphagus erythrorhynchus)生活在非洲东部撒哈拉以南的地区,这种鸟体长约20厘米,体重为40~45克,常在开阔的大草原活动,每年1月至4月间,它们会用其他动物的毛发在树洞里筑巢。雌鸟一般会产下2至5枚卵,雏鸟的孵化期在2周左右,刚出生时雏鸟既没有长羽毛,也看不到任何东西,但仅需3周的时间便能

- 第300~301页图：一只非洲疣猪（Phacochoerus africanus）正在享受着红嘴牛椋鸟（Buphagus erythrorhynchus）提供的清洁服务。摄于南非，夸祖鲁-纳塔尔省，兹曼加动物自然保护区。
- 上图：一些红嘴牛椋鸟（Buphagus erythrorhynchus）正在吃非洲大草原上一种大型哺乳动物身上的寄生虫。摄于南非，克鲁格国家公园。
- 右图：一头非洲野水牛（Syncerus caffer）在喝水，它的鼻子上站着四只红嘴牛椋鸟。摄于赞比亚，南卢安瓜国家公园。

够飞翔。

雏鸟的颜色比成鸟更深，喙呈橄榄绿色，在4个月后会变成红色。红嘴牛椋鸟以苍蝇、昆虫幼虫和虱子、螨虫、蜱虫等寄生虫为食，在它的栖息地还生活着高角羚（Aepyceros melampus）、非洲疣猪（Phacochoerus africanus）、山斑马（Equestus zebra）和非洲野水牛（Syncerus caffer）等大型食草动物。在这些食草动物身上，一天内就能找到超过10000只昆虫幼虫或100只蜱虫！后者是红嘴牛椋鸟偏爱的美食，因为它们喜欢饮血，吃下吸饱了血的寄生虫并啄食伤口大大满足了它们的胃口。不仅如此，这种鸟还能够给宿主帮一个大忙：如果食草动物正忙于进食，没有注意到掠食者的靠近，它们就会发出特有的嘶嘶声来报警。

尽管红嘴牛椋鸟的栖息地呈碎片化分布，但它们并不是濒危物种。然而，它们的共生伙伴——山斑马、草原非洲象（Loxodonta africana）、白犀（Ceratotherium simum）和非洲野水牛等大型食草动物却面临着灭绝的风险，这不仅

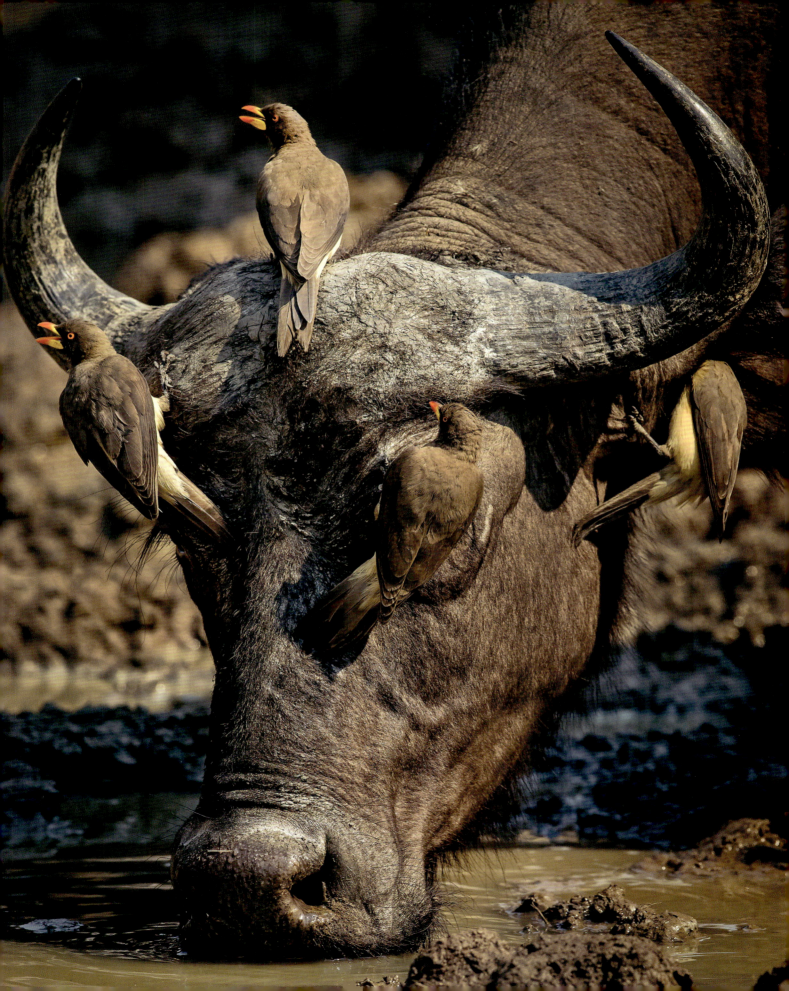

因为它们栖息地不断减少,还因为人类为了获取它们的肉、皮、牙齿和角,甚至仅仅是取乐而进行的大量猎杀。

黄高鳍刺尾鱼和绿海龟

让我们把视线从南美洲的大草原转到太平洋和印度洋,来看看夏威夷地区黄高鳍刺尾鱼(Zebrasoma flavescens)生活的珊瑚礁。这种鱼颜色鲜黄,身体呈椭圆形而侧扁,背鳍和臀鳍较高,吻部突出,口小,牙齿呈钝锯齿状,使它能够撕下生长在海床上的底栖藻类。黄高鳍刺尾鱼也有"外科医生"的别称,这是因为它的尾柄两侧各有一片非常锋利的、像手术刀一样的棘刺,这是所有刺尾鱼科成员用于防御的武器。

绿海龟(Chelonia mydas)经常光顾黄高鳍刺尾鱼生活的珊瑚礁,这是一种生活在热带海域和地中海地区的海洋爬行动物,每2到4年进行一次大迁徙,从觅食地迁往适合产卵的地区。绿海龟以大洋海神草(Posidonia oceanica)为食,当它们从大洋海神草草场游向珊瑚礁时就会与黄高鳍刺尾鱼相遇,人们经常可以看到几条黄高鳍刺尾鱼贴在绿海龟身边游动。

绿海龟的龟壳上长着黄高鳍刺尾鱼爱吃的海藻,在钝锯齿状牙齿的帮助下,黄高鳍刺尾鱼能够饱餐一顿。绿海龟对此相当喜闻乐见,还会伸展四肢,尽可能地方便客人享用。这些藻类主要生长在绿海龟的颈部和腿部,限制了它们的活动,大大减慢了绿海龟的游泳速度,因此,如果没有共生体的帮助,这种海洋爬行动物很容易被掠食者盯上。

黄高鳍刺尾鱼并非濒危物种,而绿海龟却面临着灭绝的风险,在哥斯达黎加和澳大利亚大堡礁的海龟繁殖地,只剩下不到2万只绿海龟。海水污染是这种迷人的爬行动物数量急剧下降的主要原因。污染还可能诱发肿瘤,这种肿瘤会生长在绿海龟身上柔软的部位,不断恶化,最终影响绿海龟活动。除此之外,绿海龟经常误入渔网,有时还可能会被船只螺旋桨误伤。

特殊的清洁站

安波鞭腕虾(Lysmata amboinensis)是一种体长不超过5厘米长的小型无脊椎动物,生活在印度洋-太平洋海域和红海海域5至35米深的海底珊瑚礁中。这种小型虾类身体呈黄色,背上有两条鲜红的条纹,中间还有一条延伸至尾扇前的白色条纹,头上长有3对长长的白色触角,很容易辨认。与鞭腕虾属(Lysmata)的其他物种不

■ 左图:一只美丽的绿海龟不慌不忙的游动着,一群黄色的黄高鳍刺尾鱼正在为它清除甲壳上生长的恼人藻类。摄于美国,夏威夷,普阿科湾。

■ 左图：一只安波鞭腕虾在青星九棘鲈（*Cephalopholis miniata*）的下颚服务。摄于马来西亚，马布岛。
■ 上图：一只安波鞭腕虾正一丝不苟地给一条雌性截尾花鮨（*Pseudanthias hypselosoma*）做清洁。摄于印度尼西亚，巴厘岛，图兰本。

同，安波鞭腕虾是杂食性的动物，白天很活跃，不停觅食，尽管在大多数情况下都是食物主动送上门来。安波鞭腕虾过着群居生活，一个种群可以达到100只，它们生活在海底岩洞、石头缝隙或珊瑚礁中，在安波鞭腕虾的住所外，往往可以看到很多耐心等待清洁服务的鱼类，其中就包括如眼点裸胸鳝（*Gymnothorax ocellatus*）、青星九棘鲈（*Cephalopholis miniata*）、红九棘鲈（*Cephalopholis sonnerati*），通过这种方式，安波鞭腕虾最喜欢的食物——死皮和寄生虫就能够自己送上门来。为了使这些比自己体形大得多的鱼安静下来，清洁虾会用触角告知它们自己已经爬了上来，然后再用它的小钳子把死皮和存在于鳞片、鳃甚至牙齿之间的寄生虫找出来。安波鞭腕虾的小钳子仿佛镊子一般精确，一夹一个准。

安波鞭腕虾是甲壳类动物，拥有外骨骼，生长时会经历蜕壳的过程，失去的部分肢体可以利用这个机会再生。由于蜕壳时安波鞭腕虾的身体比较柔软，此时它们往往会一直藏在洞穴里，直到外壳再次变得坚硬。在性成熟之前，这种甲壳类动物的幼体都是雄性，之后它们会发育出雌性特征，变成雌雄同体，向水中释放数百个卵来进行繁殖。

尽管受到海水污染的影响，安波鞭腕虾的栖息地面积减小，这种为生活在珊瑚礁里的鱼类提供清洁服务的小虾并没有灭绝的风险。

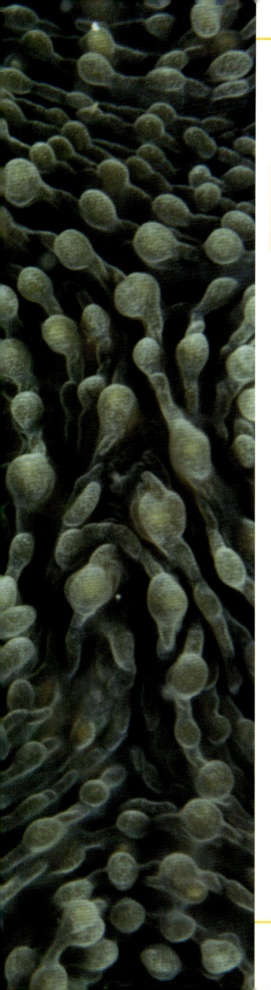

用房屋换取食物

在某些情况下，生物体之间关系密切的原因在于双方都能从共生中获利。在另一些情况下，共生体一同生活在宿主体内，相互依存对于双方的生存来说非常重要。

珊瑚与海藻

让我们继续在海洋中畅游。珊瑚礁生长在印度洋-太平洋海域和大西洋西部，北纬30度和南纬30度之间热带水域的浅水区，水温在30℃左右。珊瑚礁也许被称作"珊瑚屏障"更好，因为它为数不清的生物提供了食物和住所，算得上是水中的雨林。珊瑚虫分泌的石灰质骨骼堆积起来，有时能够形成碳酸盐岩台地，延长海岸线，甚至形成新的岛屿，如位于波利尼西亚的多个珊瑚环礁。

珊瑚纲有16000多个物种，其

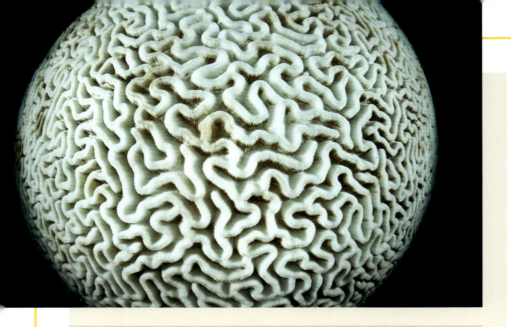

记事本

忽视导致的灾难性后果

海藻优点众多，其中一点就是能够为珊瑚提供美丽的颜色，这种藻类在珊瑚中的数量越多，珊瑚的颜色就越深。当珊瑚虫排出体内的藻类时，它们的颜色会逐渐变浅，直至完全变白。如果环境没有在短时间内恢复正常，珊瑚虫合成碳酸钙的能力就会变弱，珊瑚礁因此会变得更加脆弱，更容易受到海浪和海流的侵蚀以及鹦鹉鱼的攻击，鹦鹉鱼靠啃食珊瑚这种无脊椎动物为生，会破坏珊瑚礁。这样一来，一个经过数百年形成的良好环境，一个众多生命的自然栖息地在短时间内就被破坏了，这种损失是无法估量的。

■ 上图：海水温度过高会促使珊瑚虫排出体内的虫黄藻，从而导致珊瑚白化，从图中的巨石脑珊瑚（Colpophyllia natans）可以看出环境恶化对海洋生态系统所造成的危害。

■ 第308-309页图：由于珊瑚体内存在被称为虫黄藻的共生藻，石珊瑚呈绿色。摄于澳大利亚，大堡礁。
■ 右图：一只和鬃毛疣海葵（Adamsia palliata）在一起的普里多寄居蟹（Pagurus prideaux）。摄于英国，海峡群岛。

拉丁名Anthozoa意为"动物之花"，这是因为珊瑚虫身体呈圆柱形，仅有几毫米长，顶部有口，口周围长着许多小触手，它们的样子不禁让人联想起花朵的花瓣。

珊瑚的生存与体内的单细胞藻类——虫黄藻（Zooxanthellae）息息相关：珊瑚属于无脊椎动物，除了用触手抓住附近的小型猎物外，藻类在光合作用中产生的糖分也是珊瑚食物的一部分，能够提高珊瑚群体分泌碳酸钙的能力，加固由碳酸钙构成的坚硬骨架，从而使珊瑚礁更加坚固。珊瑚虫不仅为藻类生物提供了一个安全的住所，珊瑚虫消化和呼吸过程中产生的废物和二

氧化碳还是藻类生物生存的必需品。不幸的是，由于大量污染物的排放和温室效应的影响，海水温度不断上升，珊瑚群也会"发烧"，在热压力下，珊瑚会将共生的藻类从组织中排出，逐渐衰弱直至死亡，这会给其所在的生态系统带来严重问题。

寄居蟹和海葵

在地中海、北海和大西洋东北部，从佛得角到挪威的广阔海洋中，还居住着另外两种海洋生物——普里多寄居蟹（*Pagurus prideaux*），英文称为hermit crab，和鬃毛疣海葵（*Adamsia palliata*），虽然二者均能独立生活，但它们更喜欢和对方生活在一起。

普里多寄居蟹属甲壳类动物，外表呈红褐色，身上有较浅的斑点，右钳比左钳略大。普里多寄居蟹无法生长出自己的天然外壳，为了保护自己，它会寻找其他动物的壳来作为自己的"房子"。鬃毛疣

■ 上图：反刍动物，如图中这只长颈鹿南非亚种（Giraffa camelopardalis giraffe）的消化系统中生活着各种菌群，在消化菌群的帮助下，长颈鹿能够吃下并消化大量的植物。摄于南非，夸祖鲁-纳塔尔省，伊塔拉野生动物保护区。

海葵也能独自生活，但它更喜欢附着在普里多寄居蟹的壳上被带着走来走去。通过这种方式，鬃毛疣海葵能够提高繁衍的成功概率。在普里多寄居蟹吃东西或沿着海床行走时，鬃毛疣海葵会以捡到的食物碎渣为食，这些碎渣一般来自死去动物的残骸。

普里多寄居蟹很乐意与鬃毛疣海葵分享它的家，海葵的触手上长有有毒的刺丝，这招对付章鱼很有效，可以保护普里多寄居蟹免受天敌的侵害。除此之外，覆盖在壳上的鬃毛疣海葵是一层天然的伪装，能够帮助普里多寄居蟹逃开掠食者

壳时，会把鬃毛疣海葵从旧壳上卸下来，"说服"它附在新壳上，因此，普里多寄居蟹被赋予了"忠诚"的品德。有时，普里多寄居蟹还会与寄生美丽海葵（Calliactis parasitica）合作，从上述的互惠共生中获益。

普里多寄居蟹和鬃毛疣海葵都广泛分布在地中海和大西洋地区，尽管拖网捕捞给它们的生存造成了一定的威胁，但它们都不属于濒危物种。

反刍动物和菌群

看过了海洋中的生物，接下来让我们再回到陆地。除了澳大利亚和南极洲之外，全世界大约有250种野生反刍动物，牛科（Bovidae）、羚羊亚科（Antilopinae）、鹿科（Cervidae）和长颈鹿科（Giraffidae）都属于常见的大型食草反刍动物。这些动物能够从植物中获得营养，主要归功于那些生活在消化系统中，由原生动物、细菌和真菌组成的菌群。

反刍动物的消化系统十分复杂，由菌群生活的3个前胃、1个被称为"反刍胃"的真胃和1个很长的肠道组成。首先，食草动物会用其粗糙的舌头和坚实的门牙撕碎并吞下大量植物，这些植物会积聚在被称为"瘤胃"的第一个前胃中，瘤胃中的微生物能够在缺乏氧气的环境下工作，发酵摄入的植物，降解碳水化合物，获得能量。随后，食物被输送到被称为"网胃"的第二个前胃中，在那里被分解成小块，然后再重新回到口腔里，动物会再次仔细地咀嚼食物，使其与口水充分混合。之后，食物进入被称为"瓣胃"的第三个前胃，未消化和吸收的食物残渣会在第三个前胃中被发酵分解，经过这个步骤，二氧化碳和甲烷等废物被排出体外，胃壁上的褶皱吸收了食糜中的大部分水分。最终，胃液结束了全部的消化过程，从废物中分离出来的营养物质在小肠中得到吸收。

生活在反刍动物前胃的菌群种类多样，相互合作，一起为消化食物努力。这些细菌的目标就是降解纤维素，使其能够被宿主消化吸收。它们的工作得到了原生动物的帮助，这些单细胞动物摄取微小的植物颗粒，进一步分解食物。而真菌在吞下的食物上生长，进一步将食物分解成更小。反刍动物与菌群之间的关系属于强制性共生，因为微生物无法在动物体内以外的环境中生存，而反刍动物也无法自己从草料中获得能量，如果没有这种强制性共生的存在，双方都会死亡。

的法眼。鬃毛疣海葵基盘可以长到15厘米，它的足盘能够分泌出几丁质膜，进一步扩大了壳的大小，这是普里多寄居蟹与鬃毛疣海葵共生的另一个好处。当普里多寄居蟹换

动物与植物之间

植物被根固定在土壤中，无法移动，因此植物进化出了各种传播花粉和种子的方法。例如，种子外有果皮包被的被子植物会长出色彩鲜艳、形态各异、芳香四溢的花朵和果实来吸引各种动物。

植食动物的重要性

被子植物多种多样，既包括几毫米的草类，也包括高达几十米的树木。被子植物出现在侏罗纪晚期，形态各异，广泛分布在世界各地。被子植物的胚珠，也就是花的雌性部分受精后，会膨胀形成一个果实，果实中多汁的果肉能够很好地保护里面的种子。植食动物主要以水果为食，为了吸引这类动物食用，成熟的果实中会积累大量的糖类物质，外表呈现出黄色或红色等鲜艳的颜色。植食动物的消化系统无法消化种子，不过在经历了胃液的洗礼，以及从胃被输送到肠子的过程后，种子的外层包膜，即果皮包被会破开，这也就是所谓的"破皮处理"。

- 第314~315页图：一只艳丽的军舰金刚鹦鹉（*Ara militaris*）在厄瓜多尔的亚马孙雨林中品尝棕榈树的果实。
- 上图：加拉帕戈斯陆鬣蜥（*Conolophus subcristatus*）的食谱中既有昆虫也有仙人掌。
- 右图：狐猴是马达加斯加地区重要的植物种子传播者。摄于马达加斯加西部的干燥落叶林，安卡拉凡兹卡保护区。

果实在动物体内的消化过程持续数小时至数天，在此期间，动物可能去到很远的地方，甚至可能跑出数千米外。最终，脱离了果皮包被的胚芽会通过动物的粪便到达土壤，只要环境允许，它就可以发芽。通过这种方式，母株能够有效地将后代传播至与其所在地相距甚远的地方。

虽然植食性动物主要以草和叶子为食，超过20%的植食性哺乳动物会摄入多汁的水果作为补充。例如，草原非洲象（*Loxodonta africana*）和亚洲象（*Elephas maximus*）就非常喜欢吃水果，它们在各种植物种子的传播中发挥了重要作用。还有一些饮食以水果为基础的脊椎动物也会充当种子的传播者。这里谈到的脊椎动物范围甚广，包括哺乳动物和爬行动物等。灵长类动物有着扁平、宽大的白齿，可以很好地咀嚼水果；爬行动物长有一排小牙齿，可以将水果切碎。在世界各地的森林中都能发现猴子的身影，水果作为一种能够补充能量且容易找到的食物，深受它们的喜爱。在非洲，西部大猩猩（*Gorilla gorilla*）也格外偏爱水果，这些体形庞大的类人猿主要以树叶为生，在极少的情况下也会吃

> ▶ **植食性鱼类**
>
> 在亚马孙河的淡水中生长着各种各样的植食性鱼类，这些鱼与大盖巨脂鲤（*Colossoma macropomum*）和硬腹四齿脂鲤（*Mylossoma duriventre*）等脂鲤科（Characiformes）鱼类同属一个目，在成年期，它们以落入河中的树叶、种子和成熟的水果为食。

一些昆虫。在马达加斯加，数百种猴子生活在同一片区域，它们均属于狐猴型下目（Lemuriformes）动物，栖息在树上，习惯于在夜间活动。为了避免在觅食时发生争端，每种狐猴都有一种额外偏爱的水果。在美洲大陆的雨林中，除了吼猴属（Alouatta）的动物之外，色彩斑斓的鹦鹉科（Psittacidae）是另一个水果消费大户。金刚鹦鹉有着弯曲的喙，甚至可以用喙打破外壳最坚硬的水果。在温带地区，欧歌鸫和山雀等雀形目动物也肩负着传播种子的任务，它们的喙短而直，可以用来采食浆果，以及捕食刺猬、仓鼠和松鼠等小型哺乳动物。

一些以昆虫和无脊椎动物为食的爬行动物也会食用成熟果实，其中就包括加拉帕戈斯陆鬣蜥（Conolophus subcristatus）和多种陆龟。

然而，由于森林砍伐和火灾频发，上文提到的植食性动物的自然栖息地不断缩小，同时，作为食物来源的植物大量减少。此外，大象、猴子和鹦鹉等许多动物还深受猎杀和非法交易之害。

蜜蜂与人类

人类一直对蜜蜂着迷不已,这种昆虫大约在3千万年前出现在地球上,它们的社会组织十分严密,居住的蜂巢简直称得上是一个"有机体",其中工蜂负责维护蜂巢和喂养幼虫,而蜂后和雄蜂负责繁殖。尽管这些非凡的昆虫无法被驯服,但自18世纪以来,人类已经学会了与它们共生。养蜂人会在靠近开满鲜花的田野旁放置蜂箱,让西方蜜蜂(Apis mellifera)在这个安全的地方筑巢,作为交换,养蜂人会取走蜂蜜、蜂王浆、蜂胶、蜂蜡等蜜蜂的产物。蜂蜜是蜂群的幼虫发育的营养品,在冬季,成年蜜蜂也会摄取蜂蜜作为补充;蜂王浆是蜂后的食物;蜂胶可以用来修复蜂巢壁上的缝隙,防止气流侵袭;而蜂蜡则能够用于建造蜂巢,特别是其中用于储存食物的蜂房。蜂箱被分隔成两个独立的区域,养蜂人只取走存放在上层的产品,为蜂群留下足够的营养物质,不伤害住在下层的蜂后和幼虫。蜜蜂授粉的工作对于人类生存来说至关重要。事实上,也正是由于它们的存在,大多数人类种植的植物才得以传粉受精,结出果实。不幸的是,由于农业生产中大量使用杀虫剂,在过去的30年里,蜜蜂的生存状况令人担忧,随着蜜蜂数量的下降,植物多样性也在减少,这不仅破坏了生态环境,在经济层面也造成了不小的损失,据统计,仅在欧洲每年就有约10亿欧元因此而流失。为了保护这种珍贵的昆虫,人类已经制定了相关法律减少或完全禁止某些杀虫剂在农业中的使用,并努力恢复无人居住地区的自然环境。

■ 左图:昆虫在采食花蜜的同时,身上也沾上了花粉,它们用这种方式帮助被子植物传粉。

花丛中翩跹的传粉者

许多被子植物都依靠动物授粉,植物会利用花朵美丽的颜色和香气吸引它们,作为回报,动物能够得到花蜜——一种含糖物质。与借助风力或者水流传播相比,这种方法可以更有效地给不同的植物授粉。如果植物本身是双性花,即有两个生殖系统,为了防止自花授粉,雌蕊和雄蕊往往会在不同的时间成熟。与双性花不同,单性花中只有雌蕊或只有雄蕊。

授粉是植物结果过程中必经的一步。在自然界中,执行这一重要任务的动物数量众多,品种各异。蜜蜂属(Apis)、胡蜂科(Vespidae)、熊蜂属(Bombus)和鳞翅目(Lepidoptera)的昆虫是其中最出名的几种授粉者。当它们栖息在花朵上采蜜时,花粉会裹在它们的腿上和身体的绒毛上。当它们再飞到其他花上时,花粉就会掉落下来,以此完成传粉过程。蝴蝶在幼虫阶段以叶子为食,这对植物本身是有害的,然而在成虫阶段,蝴蝶会长出一种特殊的口器,在静止状态下,口器呈螺旋状盘绕,当蝴蝶吸食花蜜时,口器会展开成一个末端较宽的长吸管。

多种蜜蜂属、胡蜂科和熊蜂属昆虫都是社会性昆虫,也就是说,它们生活在一个群体中,其中只有一只雌蜂,即蜂后负责繁殖,其他没有繁殖能力的工蜂则负责寻找食物、抚养幼虫和维护蜂巢。为了储

■ 上图：伪切叶蚁属（Pseudomyrmex）蚂蚁会捕食蝴蝶幼虫和真菌孢子来保护金合欢树。摄于哥斯达黎加。
■ 右图：为了扩大蚁穴，一只伪切叶蚁属（Pseudomyrmex）蚂蚁在金合欢树刺内挖洞。摄于哥斯达黎加。

备过冬食物，这些昆虫会到尽可能多的花朵中采蜜，因此，与非社会性昆虫相比，它们完成了更多的授粉工作。

植物和动物经历了一个共同进化的过程，在这个过程中，花朵的形态与授粉者喙的形状逐渐适应。

例如，木槿、仙人掌和香蕉等植物的花朵颜色非常鲜艳，含有大量花蜜，形状细长，给它们授粉的蜂鸟科（Trochilidae）和太阳鸟科（Nectariniidae）鸟类恰恰拥有细长的锥形喙，二者互补，相得益彰。猴面包树（Adansonia digitata）在夜间开花，在此时活动的大翼手亚目（Megachiroptera）负责给它授粉，狐蝠就是大翼手亚目的典型成员，体长约30厘米，其鼻子与狐狸的鼻子相似，其眼睛内有一层照膜，能放大月亮的微弱光线，以便在夜间飞行。

建在树上的蚁穴

在美国南部、智利和阿根廷的热带和亚热带地区还能找到另一个昆虫和植物专性共存的例子。伪切叶蚁属（Pseudeomyrmex）蚂蚁呈铜色，眼睛很大，腹部末端有明显的尖刺，外表看上去像是没有翅膀的黄蜂。与膜翅目其他物种一样，这些昆虫生活在秩序分明的社会中，其中一只雌性蚁后负责繁殖，而其他工蚁和兵蚁负责寻找食物和保卫洞穴。金合欢属（Vachellia）植物长着白色或黄色的球形花朵和复叶——即一个叶柄上生出两个一前一后的叶片，伪切叶蚁属蚂蚁会将蚁穴建在金合欢属植物多刺的树干和树枝中。作为回报，它们会用自己的毒刺保护金合欢属植物免受植食性动物的破坏。除此之外，伪切叶蚁属蚂蚁还能为它的"宿主"清除虫害，因为这种蚂蚁主要以昆虫为食，特别偏爱蝴蝶的幼虫和真菌孢子。

伪切叶蚁属蚂蚁和金合欢属植物分布在热带地区，种类繁多，难以进行统计。尽管它们都不算是濒危物种，但森林面积减少也对它们造成了不利的影响。■

单方获益的寄生 | 322

单方获益的寄生

寄生是一种对抗性的共生关系，只对一方（寄生虫）有利，而对另一方（宿主）则或多或少造成损害。寄生关系中的两个物种的斗争永不停歇，一个想尽办法打压，一个永不屈服。

寄生虫被分为两大类：兼性寄生虫和专性寄生虫。兼性寄生虫通常能够在外界独立生活，但如果与宿主接触，就会侵入并寄生在宿主体内；专性寄生虫必须依靠宿主生活，至少在其生命的某个阶段需要靠寄生生活，否则便不能完成发育。第二种类型的寄生虫通常是最具侵略性的。

■ 左图：一条不幸的梳隆头鱼（*Ctenolabrus rupestris*）被两只额狭长水虱（*Anilocra frontalis*）寄生。摄于英属海峡群岛。

陆地上的寄生虫

还有一些陆生动物找到了一种特殊的生存方式，以牺牲其他生物为代价来繁衍。有的动物寄生在宿主的身体之外，这种影响大多有限。有的则会侵入宿主的肠道和其他器官，给宿主带来严重的后果。

蜱虫

从古至今，蜱虫一直是人类最熟知的寄生虫之一。这些节肢动物经常被错误地归为"昆虫"，实际上，蜱虫与蜘蛛同属蛛形纲（Arachnida），与蜘蛛一样，蜱虫也有8条腿，身体分为两部分。这种寄生虫从几毫米到大约1厘米不等，具体取决于它的品种或发育阶段。蜱虫有着锋利的口器，专门用于刺穿其他动物的皮肤。

蜱虫约有900种，几乎遍布世

界各地,主要分为硬蜱和软蜱两种,硬蜱背面有壳质化较强的盾板,后者则没有。有些硬蜱会寄生于哺乳动物身上,例如生长在刺猬身上的六角硬蜱(Ixodes hexagonus)、木头中生长的篦子硬蜱(Ixodes ricinus)和寄生在犬类身上的血红扇头蜱(Rhipicephalus sanguineus)。在软蜱中,最常见的一种被称作鸽锐缘蜱(Argas reflexus)。这种蜱虫会寄生在鸽子身上。

这种寄生虫的生命周期分为4个阶段:首先是产卵,幼虫孵化生长后转变为蛹,这是从幼虫到成虫的过渡阶段,此时被寄生的动物不受寄生虫影响,依旧活跃,接下来,就到了从蛹变为成虫的阶段。蜱虫的整个生命周期可以全部在同一宿主身上进行,也可以分别发生在2或3个不同的宿主身上,在一个阶段到另一个阶段的过渡时期,宿主都需要为蜱虫提供必要的营养。蜱虫在宿主身上会停留数小时、数天甚至数周,直到它们吃饱为止,然后会自动从宿主身上掉落。

为了附着在动物身上,蜱虫会潜伏在植物顶端,等待动物经过时趁机粘在动物身上。蜱虫在咬破皮肤后,会向伤口里面注射一种麻醉物质,因此,宿主很难发现自己已经被蜱虫咬伤。

蜱虫身上携带着各种致病因

子。例如，被称为"牛蜱"的微小牛蜱（Boophilus microplus）是牛羊巴贝斯虫病的重要传播媒介，这种病会使牛发烧；而前面提到的篦子硬蜱则是狗患无形体病的罪魁祸首，这种疾病会导致犬类严重的肾脏、肠道和大脑损伤。

尽管抗生素治疗能够治愈大多数通过寄生虫传播的疾病，但对人类来说，这些寄生虫依旧十分危险，如果老人或儿童被蜱虫叮咬，可能会危及生命，这就是为什么在徒步旅行和散步时，最好不要去到人迹罕至的地方，遛狗时需要系绳，并给狗使用正确的驱虫剂。如果去到了报告过寄生虫的地区，回到家里时也要自我检查，并将徒步旅行时穿着的衣服和用过的东西留在门外。市场上有专门清除蜱虫的拔除器，可以用旋转的方式清除蜱虫，防止蜱虫的口器留在伤口里。除此之外，还要避免挤压蜱虫，以

- 第324～325页图：根据发育阶段的不同，篦子硬蜱（Ixodes ricinus）会分别寄生在哺乳动物、鸟类和爬行动物身上。
- 左图：蜱虫感染对于人类的好朋友——犬类来说也是一个问题。
- 上图：蜱虫不会跳跃，因此它们会爬到高大的草丛或灌木丛的顶端，等待宿主经过。

■ 上图：跳蚤幼虫既可以寄生在宿主的皮毛上，也可以掉下来在地上发育。
■ 右图：跳蚤是货真价实的跳跃冠军。

传播；幼虫也能在地面上发育，然后再爬到其他宿主身上，这就是为什么我们必须进行大规模消毒，特别是当家中有跳蚤的时候。比起有机会外出的猫，饲养在室内的猫较不容易被寄生虫感染，而每天多次散步的狗则需要使用适当的驱虫产品。

跳蚤的幼虫阶段一共分为3个部分，在此阶段，跳蚤不吸血，以成虫的粪便或皮肤、毛皮和羽毛的碎屑为食。在茧中，跳蚤会完成从幼虫到成虫的蜕变。成虫会在宿主身上活动，叮咬皮肤，导致宿主皮肤发红和瘙痒，这是让宿主最为恼火的阶段。有一部分人和动物对跳蚤的唾液过敏。此外，除了携带病毒和细菌外，大量的跳蚤叮咬还可能导致宿主贫血。

寄生彩蚴吸虫

有一些比较特殊的寄生虫，在生命周期的各个阶段会寄生在不同类型的宿主身上。其中就包括一种被称作寄生彩蚴吸虫（Leucochloridium paradoxum）的扁形虫，它属于吸虫纲（Trematoda）。这种无脊椎动物利用欧洲和北美常见的琥珀螺科（Succineidae）蜗牛作为中间宿主和代步工具，最终寄生到金翅雀或山雀等雀形目鸟类身上，这些鸟类才是寄生彩蚴吸虫最终的宿主，寄生彩蚴吸虫会在它们身上完成其生命周期中的生殖阶段。

防其释放出感染物质。用火烧也是个消灭蜱虫的好方法。

跳蚤

几千年来，跳蚤是动物需要对付的另一种出名的寄生虫。跳蚤是一种没有翅膀的昆虫，属于蚤目（Siphonaptera），经常与同样恼人的虱子相混淆。跳蚤以血液为食，其生命周期由4个阶段组成：卵、幼虫、蛹和成虫。

与蜱虫相反，跳蚤成虫以极强的跳跃能力而闻名，它们的腿十分强壮，尤其是后腿高度发达，肌肉组织十分特殊。跳蚤可以分为猫蚤（Ctenocephalides felis）、犬蚤（Ctenocephalides canis）和人蚤（Pulex irritans）等多种，然而，不仅仅是上述的猫、犬、人类，许多其他动物也会受到跳蚤的侵扰。这种寄生虫只有几毫米大小，可以将自己压得扁扁的，这使它们能够轻松穿过厚厚的皮毛，寄生在动物身上。雌虫每天大约产15~20枚卵，这些卵可能留在宿主身上，也可能从宿主身上脱落，并在环境中

　　首先，被寄生彩蚴吸虫寄生的鸟类通过粪便排出虫卵，蜗牛将排泄物与草一起吃掉。寄生彩蚴吸虫会在蜗牛的肠道中孵化，并移动到肝胰腺长成一个孢子囊，在这种特殊的结构中，寄生虫会默默等待理想繁殖条件的出现，即进入一只鸟体内。这些寄生虫的孢子囊形状细长，末端有白色和绿色的条纹，一旦形成，它们就会定居在蜗牛的长触角里，使得触角无法缩回，进而改变它的外观，并使蜗牛辨别明暗的能力变差。一般情况下，蜗牛喜欢待在阴暗的地方，然而被感染的蜗牛会爬行到光线较为充足的地方，由于它此时的外观像2条多汁的毛虫，因此很容易成为鸟类的捕食目标。为了成功实施骗术，孢子囊会在触角内有节奏地跳动，模仿毛虫的动作，成功吸引鸟类的注意力。这样，寄生虫就达到了它的目的，即被吃掉并最终进入新宿主的肠道，在那里，成虫会进行交配并诞下新的虫卵，结束整个生命周期。

■ 左图：槲寄生（Viscum album）会长在许多种树上，在枝条上结满球形果实。摄于德国。
■ 上图：槲寄生种子发芽了，根部插入树皮之中。

被寄生彩蚴吸虫感染的蜗牛往往会遭遇双重不幸，因为它不一定会被鸟类杀死，通常情况下，鸟类会撕下寄生虫所在的蜗牛触角，但由于后者可以再生，另一个孢子囊可以再次寄生在蜗牛体内，延长这场折磨。

槲寄生

植物也能够寄生在其他植物身上，槲寄生（Viscum album）就是一个很好的例子，它能够寄生在桦树、杨树、橡树和榆树上。当寄生物侵入衰弱或老化的植物时会不可避免地损害宿主。不过，在正常的情况下，寄生是生态系统中重要的一环：寄生物是鸟类和昆虫的食物来源，寄生物从宿主身上吸取的部分营养物质能够通过掉落的叶片返回土壤。

槲寄生浆果虽然对人类有毒，但却是许多鸟类的食物来源，这种浆果中含有一些功效类似于泻药的特殊物质，在此刺激下，槲鸫（Turdus viscivorus）和黑顶林莺（Sylvia atricapilla）等鸟类负责运输和传播槲寄生的种子，种子外覆盖着一层黏性膜，能够让其附着在树木的枝条上。

槲寄生的根十分特殊，能够刺穿树皮和木头，找到生长所需的水和矿物盐，在宿主内部扎根。另一方面，槲寄生的上半部分通常会长出浅绿色的茎和小叶，呈球状附生在宿主枝条周围。这种植物会从宿主那里吸取树液，树液中含有水和矿物盐，从根部向上流至绿叶。由于槲寄生的叶子也能进行光合作用，应该更准确地将其定义应为"半寄生物"。

人们相信，在圣诞节期间把槲寄生挂在家里能够带来幸福，在新年前夕站在槲寄生下面接吻能够带来好运气。

聚焦 僵尸之虫

在地球上的某些地区，生长着一些能够控制昆虫的真菌，这些真菌利用昆虫将孢子运送到一个合适的地方散播。这听起来像是恐怖片或科幻片里才会出现的情节，然而蛇虫草（*Ophiocordyceps*）的子囊菌就采取了这种寄生方式。它们的宿主往往是雨林中的树蚁或西藏高原的毛虫，这种真菌一旦进入宿主，就会控制其肌肉和神经系统来掌控宿主的生长发育。当它们准备好进入繁殖阶段时，就会产生具有精神活性的化学物质（与LSD相似），诱使宿主移动到湿度、温度和空气流通条件合适的植物上，迫使宿主咬住叶子或叶脉或细枝，并使宿主肌肉萎缩，动弹不得。当被寄生的昆虫死亡后，昆虫的外骨骼中会很快长出真菌的子实体，从中释放出新的孢子，散布在地面上，等待新的宿主再次开始新一轮的循环。

■ 左图：一只被蛇虫草寄生而死亡的蚂蚁（Formicidae）的特写。摄于印度尼西亚，加里曼丹岛中部，丹戎普丁国家公园。

长翅膀的寄生虫

有些动物属于食源性寄生虫，将宿主当作自己的食物来源；还有一些更具侵略性的寄生虫，会影响到宿主部分甚至全部生活。除了上文介绍的那些在陆地上生活的寄生虫外，还有一些寄生虫长着翅膀，能够飞行。

蚊子

蚊子是人类最讨厌的害虫之一，对大多数人来说，蚊子是夏天的一大折磨。在某些地区，蚊子还是十分危险的生物，因为它能够传播疾病。这种虫子广泛分布在世界各地，在热带地区更是种类繁多，所有蚊子基本上都有一个瘦长的身子，大眼睛，小脑袋和6条细长的腿。

实际上，只有雌蚊才携带寄生虫。为了补充营养，使它们的卵发育成熟，雌蚊长有一个专门用来叮咬和吸血的口器。雌蚊以血为食，拥有一个奇特的消化系统，下咽舌到食道管处通常长有细微齿状物，能够分解红细胞膜，促进血液消化。

- 第334~335页图：如这张图片所示，蚊科（Culicidae）在水中度过从幼虫到蛹的发育阶段，最后转化为成虫浮出水面。
- 上图：雌蚊会叮咬许多动物，吸食它们的血液。摄于秘鲁，博帕塔研究中心。
- 右图：一只普通杜鹃（Cuculus canorus）在芦苇莺（Acrocephalus scirpaceus）的巢中孵化，芦苇莺是个毫无戒心的主人。

蚊子的生命周期从卵开始，经过幼虫和蛹的生长阶段，以成虫阶段结束。根据品种的不同，每年可能诞生一代或者多代蚊子，在某些情况下甚至能够多达15代！

蚊子叮咬往往不会引起宿主的察觉，但当蚊子向伤口注射唾液时会引发过敏反应，具体表现为皮肤发红、肿胀和发痒，这种不适感根据不同人的敏感程度而有所不同。

即使在人口高度密集的城市地区，蚊子也能在下水道、花瓶和其他适合其生长的环境中不断繁衍。在某些地区，蚊子可能传播严重的疾病，比如冈比亚疟蚊（Anopheles gambiae）能够传播疟疾病毒，为此，人们在应用昆虫学领域进行了许多研究，以寻找有效的消毒手段。

杜鹃

杜鹃科（Cuculidae）是一个鸟类大家族的统称，成员体长30至60厘米不等，分布在世界各个地区。在这个家族中，普通杜鹃（Cuculus canorus）因其特有的叫声而闻名。然而，这种鸟还隐藏着黑暗的一面，雌鸟会在芦苇莺（Acrocephalus scirpaceus）和水蒲苇莺（Acrocephalus schoenobaenus）等大约50种鸟类的巢中产下自己的蛋。这种方法被称为"孵化寄生"，雌性杜鹃会叼走鸟巢中的蛋，并在巢内产下一枚自己的蛋，这看起来似乎没什么大不了的，但事实并非如此。

孵化后，杜鹃雏鸟可能会立即杀死所有或部分其他雏鸟。就算能够侥幸活下来，这些"异父异母的兄弟"之后也会被饿死。因为寄生在其他鸟类巢穴里的杜鹃雏鸟能够完美地模仿养父母的亲生子的叫

声，骗取它们的照顾。

从宿主的角度而言，这种繁衍方法是残忍的，但对杜鹃来说，这简直是个完美的计划，能够最大限度地提高雏鸟的生存机会。在15至20天的繁殖期内，杜鹃会在每个合适的巢中产下一枚蛋，有效地降低掠食者杀死一整窝雏鸟的风险。养父母会精心地照顾每只新孵化的雏鸟，给它们喂食昆虫、软体动物和蜘蛛等食物。仅仅几个星期后，杜鹃雏鸟就已经比它的养父母大得多了，尽管如此，养父母还是会继续喂养它一段时间。

鉴于该物种的广泛分布，杜鹃的保护状况良好，无须担忧。

吸血蝠

尽管特兰西瓦尼亚的吸血鬼传说广泛流传，但在美洲仅生活着3种以血为食的蝙蝠，其中之一被称为吸血蝠（Desmodus rotundus），这种蝙蝠主要分布在中美洲和南美洲，专门以脊椎动物的血液为食，人类饲养的脊椎动物也包括在内。

■ 左图：一只吸血蝠（Desmodus rotundus）离开巢穴寻找晚餐。摄于哥斯达黎加。
■ 上图：为了不被注意，吸血蝠从地面上接近目标。摄于巴西，亚马孙地区。

吸血蝠会用锋利的门牙在宿主身上扯开一个伤口，然后舔食流出的血液。吸血蝠会咬破宿主皮肤上血管密布的区域，伤口会不断出血，无法很快愈合，这是因为它的唾液中含有一种被称为"德古林"的抗凝血物质。为了不被发现，这种食源性寄生物通常不会直接落在受害者身上，而是在附近潜伏，慢慢靠近受害者。吸血蝠是一种群居动物，成群或成对地活动，有时几只吸血蝠会先后在同一伤口进食。

俄亥俄州立大学的研究人员经过实验发现，没有亲缘关系的蝙蝠之间也存在着"友谊"：如果群体中的一个成员因为身体虚弱，或者被猎物发现而无法进食，与它有来往的其他蝙蝠会为它反刍一部分食物，帮助它活下去。

吸血蝠地理分布较广，能够适应不同类型的栖息地，灭绝风险较低。

寄生蜂

膜翅目（Hymenoptera）昆虫中包括一些独栖的黄蜂，它们通过寄生在动植物身上的方式为后代提供食物和庇护所。

食蛛鹰蜂为胡蜂总科（Vespoidea）蛛蜂属（Pepsis）昆虫，专门寄生于捕鸟蛛科（Theraphosidae）蜘蛛身上。食蛛鹰蜂体长为2～7厘米不等，黑色的身体略带蓝色或绿色的偏光，翅膀大部分为橙

红色。食蛛鹰蜂会在干旱和沙漠地区搜寻蜘蛛，并在蜘蛛身上产下它们的卵。一旦食蛛鹰蜂发现了这些蛛形纲动物的洞穴，它们就会把蜘蛛引到巢外，进行一场真正的战斗：一边在蜘蛛周围绕圈子，一边引诱蜘蛛抬起腿，以便在蜘蛛的下腹部注射毒液。然而，食蛛鹰蜂这样做的目的不是杀死并吃掉蜘蛛，而是为了繁殖，当它击中并毒昏受害者后，就会把它拖进自己的洞穴里，在受害者腹部产下一枚卵。

在幼虫孵化、进食并成为成虫的过程中，蜘蛛只能一动不动地等待死亡。

云石纹瘿蜂（Andricus kollari）是一种寄生在植物上的昆虫。雌性云石纹瘿蜂通常将卵产在树皮上，幼虫孵化后，会向树皮中注入化学物质，刺激植物组织中的细胞加速分裂，长成被称作虫瘿的突起，之后，云石纹瘿蜂会用下颚挖出一条通道，并钻入其中筑巢。此时，便开始了这些昆虫生命

■ 左图：一只捕鸟蛛科蜘蛛被其可怕的敌人——蛛蜂捕食并拖入洞穴。摄于美国，加利福尼亚州。
■ 上图：一个橡树虫瘿的侧切片，从中可以看到始作俑者云石纹瘿蜂（Andricus kollari）幼虫的样子。

▶ 长腹姬蜂

长腹姬蜂（Gasteruption jaculator）雌蜂会寄生在蜜蜂或独居蜂等其他膜翅目物种的巢中。长腹姬蜂的腹部末端长有一个长而粗壮的产卵器，能够将自己的卵放在宿主产下的卵上面或附近。当卵孵化后，长腹姬蜂幼虫不仅会吃掉宿主准备的食物，还会以宿主的幼虫为食。

周期中的无性繁殖阶段，在这个阶段中，幼虫发育为成虫，不需要雄性，单独的雌性也可以通过孤雌生殖的方式，创造出自己的克隆体进行繁殖，这些克隆体的寿命大约为1到2周。克隆体则会在叶芽中产下可育卵，开启有性繁殖阶段。在花蕾上会形成大小为2～3毫米的新虫瘿，可育卵会在其中度过冬天和第二年的春天，孵化出第二代有性云石纹瘿蜂，在雄性和雌性交配后完成全部的循环。

被云石纹瘿蜂寄生的植物往往具有较高的商业价值，因此，人们正在积极研究控制这种昆虫繁衍的方法。■

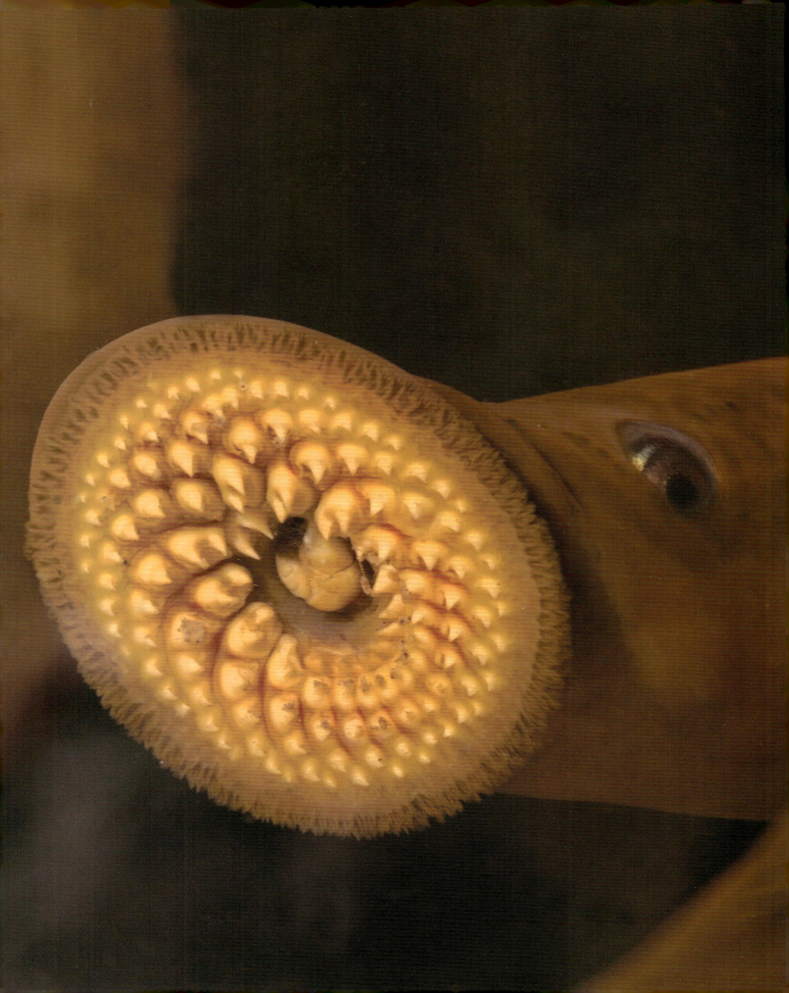

生活在水中的寄生物

即使在水下世界，动植物也逃不过寄生物的魔爪！继陆地和空中两种生境后，我们将认识水下世界里一些专门依附他人而生的动物。

海七鳃鳗

海七鳃鳗（*Petromyzon marinus*）是一种较为知名的寄生物，这种鱼属于无颌纲（Agnatha），即没有下巴的动物。海七鳃鳗身体细长，形似鳗鱼，长达120厘米，身上长有两个背鳍，眼睛后面长有7个与鳃囊相通的鳃孔，一眼就能看到。海七鳃鳗长有奇怪的椭圆形大嘴，它们就是利用嘴里锋利的小牙齿来附着在其他鱼类身上，吸食它们的血液的。海七星鳗的骨架是由软骨组成的，嘴里的牙齿很容易脱落更换，有些品种的海七星鳗2年内可以更换30次牙齿。

海七鳃鳗的嘴十分可怕，形状像一个漏斗，功能类似吸盘，似乎被称为"口盘"更为恰当。有些物

- 第342～343页图：一张海七鳃鳗（Petromyzon marinus）独特嘴部的特写。摄于美国，纽约州，卡尤加湖。
- 上图：海七鳃鳗是寄生鱼类，在繁殖季节会向河流上游迁徙。摄于加拿大，新不伦瑞克省，凯斯维克河。
- 右图：一只虎水蛭（Haemadipsa picta）在寻找它的下一餐。摄于马来西亚，婆罗洲，沙巴。

种附着在宿主身上释放出一种抗凝血物质来帮助自己吸血，有些则是为了吃肉，会对宿主造成更实质性的伤害。

海七鳃鳗主要生活在地中海和北大西洋海岸线附近，它可以寄生在各种海洋鱼类身上，包括鲨鱼、鲭鱼，以及鲑鱼这种在淡水产卵的鱼类。

在繁殖季，海七鳃鳗会沿着河流向内陆游去，雄鳗会在水流不那么湍急的溪流底部筑巢，让雌鳗在其中产下大量的卵。

尽管一些七鳃鳗物种在当地被列为保护物种，但七鳃鳗目总体的保护状况较为良好。

水蛭

水蛭是环节动物,属于蛭纲(Hirudinea),也是一种生活在水生环境中的寄生虫,能够对人类造成伤害。这种无脊椎动物一般生活在热带地区水洼和水草茂密的泥泞沼泽底部。体长从3到10厘米不等,腹面扁平,通过肌肉收缩和位于身体前后两端的两个吸盘移动。

水蛭是一种体外寄生虫,也就是说它们寄生在宿主的身体之外,喜欢吸食恒温动物的血液。它们通过前吸盘附着在宿主身上,然后用小锯齿划破宿主的皮肤,通过肌肉发达的咽部吸出血液。在水蛭唾液中抗凝血剂、麻醉剂和血管扩张剂等各种化合物的作用下,宿主对正在发生的事情一无所知。通过这种方式,水蛭可以在大约40分钟内摄取多达15毫升的血液而不被察觉。一旦进食结束,水蛭就会自动离开宿主的身体。

当地居民并不喜欢水蛭,然而,自古以来,它们一直和与血液有关的疾病治疗息息相关。放血是当地治疗疾病的一种普遍的方法,最常用到的水蛭品种是医蛭(*Hirudo medicinalis*),医生会将这种寄生虫放在病人身上,以清除多余的积血或淤血。

由于农业生产而造成的过度开垦,水蛭的栖息地不断减少,其中

▶ 普氏七鳃鳗

虽然七鳃鳗长着怪异的外观,但并不是所有品种的七鳃鳗都是寄生物。例如,普氏七鳃鳗(*Lampetra planeri*)一生都在淡水湖泊和河流中度过,完全无害,它用口盘刮擦海底的岩石,取食海藻和其他植物。

■ 上图：这只美丽的叶海龙（*Phycodurus eques*）是寄生性等足目动物扁尾水虱（*Creniola laticauda*）的受害者。摄于南澳大利亚。

■ 右图：一条黑条锯鳞鱼（*Myripristis jacobus*）受到一些体形较大的雌性缩头鱼虱和体形较小的雄性缩头鱼虱攻击。摄于加勒比海，开曼群岛。

几种最著名的水蛭如今几乎濒临灭绝，因此在一些地区受到特别保护。

缩头水虱

缩头水虱科（Cymothoidae）包括多种等足类甲壳动物，这些动物都有着7对大致相同的足，它们生活在世界上的不同地区，通常作为体外寄生虫附着在多种鱼类的皮肤、鳃或嘴上。

这些无脊椎动物大约有40个属，380多个种。缩头水虱在幼年时期并不挑剔，会附着在任何鱼类身上；但在成年时期，它们会挑选适合自身的宿主，并永久地附着在它身上。这些无脊椎动物吸食宿主的血液，强制改变宿主的生长进程，甚至导致宿主死亡。

许多种类的缩头水虱可以改变性别。如果最终宿主身上已有雄性缩头水虱，那么另一只雄性可以变为雌性。为了避免两者同时变性，将要变性的缩头水虱会散发出特殊的信息素，防止附近的其他雄性做同样的事情。

还有几种缩头水虱通常被人们称为"海蚤"。在地中海地区，最常见的就是狭长水虱（*Anilocra frontalis*），它主要寄生在隆头鱼科（Labridae）或鲷科（Sparidae）鱼类身上，通过脚上的小钩子附着在宿主的尾部或头部附近。它的口器能够吸血，有时甚至会导致鱼类失血过多而亡。这些甲壳类动物最大长度为2～3厘米，呈灰色或米色，在生长过程中会多次蜕皮，但始终不离开宿主。

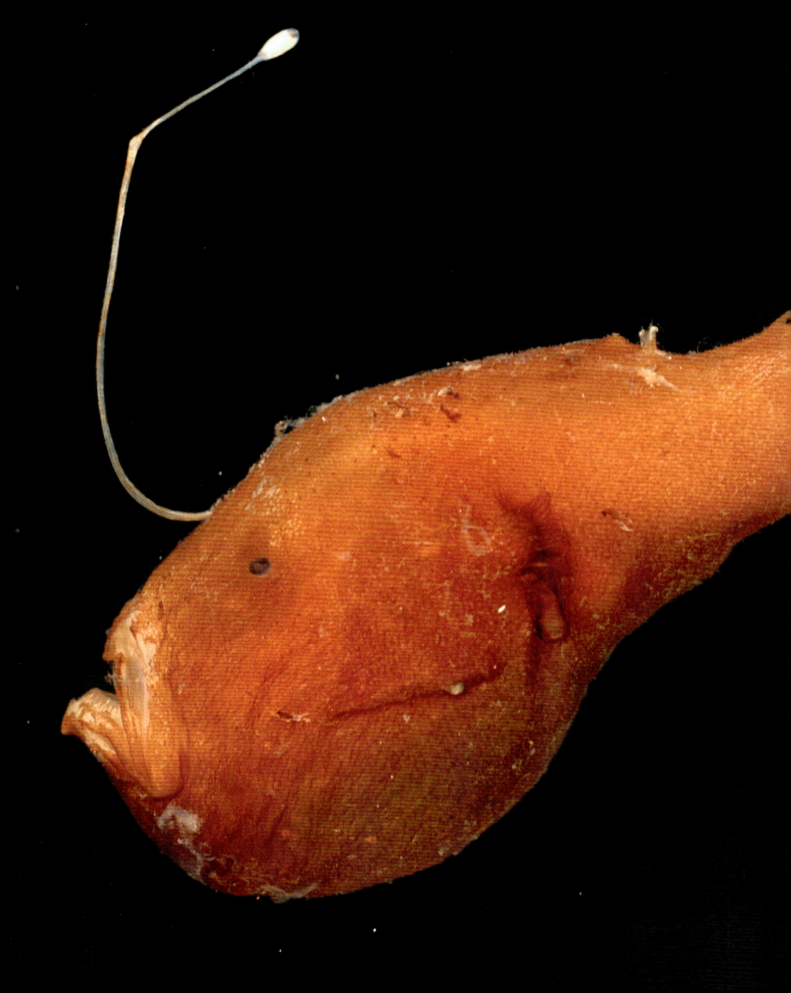

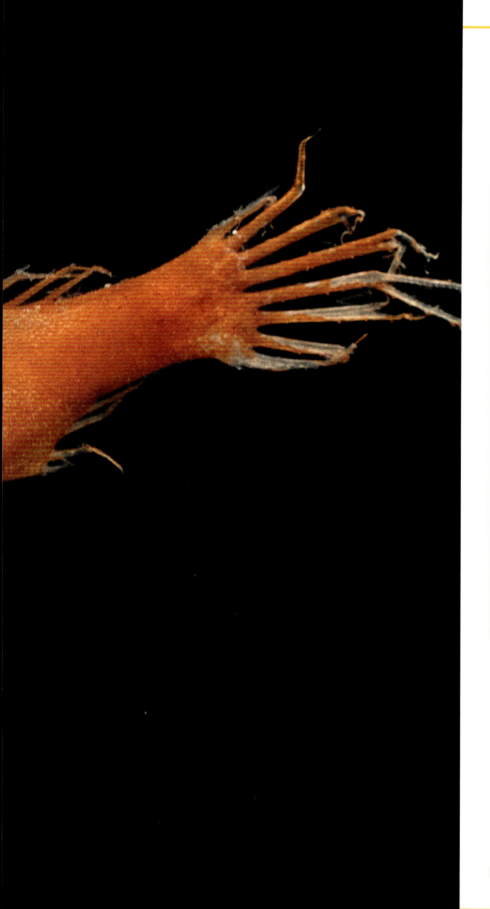

聚焦 性寄生

在伸手不见五指的深海之中，在永恒黑暗的笼罩下，生命体稀缺，要想找到一个伴侣绝非易事，因此要想达到繁殖的目的，寄生也是个很行之有效的方法。

某些种类的角鮟鱇，如密刺角鮟鱇（Cryptopsaras couesii）或何氏角鮟鱇（Ceratias holboelli）雄鱼比雌鱼体形小得多，当雄鱼幸运地遇到一只雌鱼时，便会附着在它身上，成为雌鱼的寄生物。这种寄生关系非常紧密，雄性角鮟鱇一旦通过嘴连接到雌性角鮟鱇身上，就与后者融为一体：雄性和雌性的皮肤和循环系统会结合在一起，而其他器官则逐渐退化，只剩下一个在卵子受精期间发挥作用的精囊。

性寄生现象不仅仅存在于深海之中，也不仅仅发生在鱼类之间，生活在浅滩的海洋无脊椎动物绿叉螠（Bonellia viridis）也使用这种策略。雄性绿叉螠（只有几毫米长，依附雌性生存。雌性绿叉螠（的体形要大得多得多，身体呈椭圆形，吻部像一个长长的探针，末端分叉，而雄性仅仅是雌性的一个精子制造机。

■ 左图：在密刺角鮟鱇（Cryptopsaras couesii）生活的环境中，性寄生是一种有效的繁殖策略。

非自愿帮助下的偏惠共生

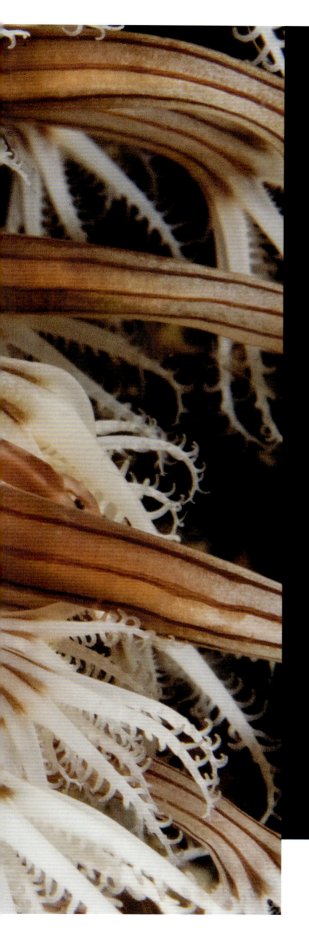

非自愿帮助下的偏惠共生

  偏惠共生是最常见的一种共生形式，参与共生关系的双方并不一定需要实际结合在一起。在大多数情况下，偏惠共生是指动物利用有利的条件，从他人处获得食物而不对对方造成伤害，不过，这里所说的食物也仅仅是残羹剩饭罢了。

  有些情况下，共生体并不需要食物，而是想搭一次便车或者获得一个庇护所，由此产生了两种特殊类型的共生关系：携运共生和寄栖共生。除此之外，在自然界中还有一些动物会在其他动物死后，再次利用它生前创造的财富，身体力行地践行"后继共生"。

■ 左图：一只赫氏小瓷蟹（*Porcellanella haigae*）在棒海鳃科（Veretillidae）的珊瑚触手间找到了藏身之所。摄于印度尼西亚，小巽他群岛，阿洛群岛，潘塔尔岛。

以残羹剩饭为食

许多动物将大部分时间都花在寻找食物上面,但即便如此,也并不总能满载而归。一些动物会追随其他掠食者的脚步,以它们留下的残羹剩饭为食,虽然入口的食物较少,所幸这种觅食方式所消耗的能量也不多。

追寻北极熊的足迹

捕猎并不容易,在沙漠和半沙漠的干旱地区,或者极地的冰雪荒原等最不适宜生存的环境之中更是如此。不过,有些掠食者是寻找和捕获猎物的好手,它们的存在对于不善此道的动物来说构成了一种保障。例如,北极熊(*Ursus maritimus*),在北极地区,自然条件恶劣,不过,鉴于其捕猎的成功率之高，北极熊无疑是一个强大的掠食者。作为北极熊最喜欢的猎物之一，海豹需要定期浮出水面进行呼吸，北极熊正是利用了这一点进行捕猎。海豹是一种海洋哺乳动物，经常在大块浮冰下游泳，它们能够很容易地找到裂缝，将身体的一部分浮出水面换气。不过，由于浮冰冰层的厚度不大，北极熊可以感知到在冰下活动的海豹，于是便会潜伏在裂缝附近发动攻击。通常，一只有力的爪子就足以给海豹致命一击，之后，北极熊会将其从水中拉出并吞食入肚。

在很多人看来，北极熊捕食海豹的这一幕可能极其血腥，但附近一些没那么强壮的掠食者对此却十分喜闻乐见。北极鸥（*Larus hyperboreus*）等海鸟，北极狐（*Vulpes lagopus*）等陆生动物会耐心地等待这个强大的庞然大物进食完毕，然后再一头扑向它吃剩的残渣，即使剩下的食物不多，也能把它们从被饿死的边缘拯救回来。

当然，北极熊在捕食时并不会慷慨地想到与其他动物分享猎物，这种无意识的集体用餐是一个典型偏惠共生的例子，正是由于这种共生关系的存在，多种动物能够在不伤害彼此的情况下填饱肚子。

■ 第352~353页图：由于浮冰冰层的厚度不大，北极熊（*Ursus maritimus*）能够感知到在冰下游泳的海豹。摄于美国，阿拉斯加，北极国家野生动物保护区。

■ 上图：一只北极熊毫不费力地捕获了一只从水里探出头来换气的海豹。摄于挪威，斯瓦尔巴群岛。

蹭饭吃的好手

热带大草原旱季降雨量极其稀少，温度极高，在无力捕猎的情况下，如果想要生存下去，动物们就必须想出应对的方法。有的动物会利用一天中比较凉爽的时间觅食，例如，猎豹（Acinonyx jubatus）习惯于在清晨时分活动，狮子（Panthera leo）和花豹（Panthera pardus）则选择在黄昏和夜间活动。鬣狗科（Hyaenidae）的动物和非洲野犬（Lycaon pictus）与上述这些非洲大型猫科动物生活在同一片地盘，出没时间也相同。因此，为了争夺被先一步捕获的猎物，它们之间经常会爆发相当激烈的冲突。

有些动物会当谨慎的观众，旁观大型食肉动物，特别是猫科动物的狩猎场景，因为在这些掠食者饱餐一顿后，它们便可以瓜分剩下的食物。

鹰形目（Accipitriformes）的兀鹫是这方面的专家，这种特殊的

- 左图：一群斑鬣狗（Crocuta crocuta）试图与母狮（Panthera leo）争抢猎物。摄于肯尼亚，马赛马拉国家保护区。
- 上图：为了分一杯羹，一些鸻形目（Charadriiformes）的海鸥飞到正在捕食的虎鲸（Orcinus orca）周围伺机而动。摄于马尔维纳斯群岛。

猛禽主要在白天和黄昏时分活动，有着敏锐的视觉。如果在飞行中没有找到自然死亡的动物尸体，它们便会跟在大型掠食者身后，试图率先抢到剩下的食物。与鬣狗、非洲野犬等其他掠食者共分一杯羹不是件容易事，但在通常情况下，如果这些以动物尸体为食的食腐动物前后脚到达，只要食物足够，它们就会互相容忍，共同进食，不会轻易发生冲突。

无心插柳

在大海中也生活着可怕的掠食者，虎鲸（Orcinus orca）就是其中最令人闻风丧胆的动物之一。虎鲸是一种大型齿鲸，即有牙齿的鲸类，然而由于缺乏可用的数据，难以评估其保护状况。

这些体型庞大的海洋哺乳动物体长可超过8米，它们组织严密，经常会成群结队地捕食，能够杀死象海豹属（Mirounga）等巨兽，以及座头鲸（Megaptera novaeangliae）

追逐船只而行

捕鱼船对于海洋动物来说是一个巨大的威胁,往坏处想,捕鱼船是威胁它们生命的杀手,即便不是如此,捕鱼船也会从它们口中抢走大量的猎物。海鸥已经学会了利用捕鱼船,不费吹灰之力就从船上叼走食物。黄脚银鸥(Larus michahellis)从不放过任何机会,它们会跟随捕鱼船,捡拾被遗弃在水中的大量鱼类下脚料,甚至直接从渔网中叼走新鲜的鱼。人类和海鸟之间的共生关系并不仅仅发生在海上,我们丢弃在海滩上的垃圾也经常会吸引鸟类前来啄食。此外,这些动物越来越频繁地光顾人类的垃圾场,它们只用啄击几下就能啄破装垃圾的袋子,无须费力就能吃到丰富的食物。

■ 左图:虎鲸是优秀的掠食者,很多种动物都依靠虎鲸剩下的食物填饱肚子。摄于南极洲,麦克默多海峡。

和蓝鲸(Balaenoptera musculus)等比自己大得多的动物。当一群虎鲸开始捕猎时,不免会吸引其他饥肠辘辘的掠食者的注意,它们迫不及待地想在这场豪华盛宴中分一杯羹。虎鲸的捕猎目标通常是幼崽或虚弱不健康的成年动物,整个捕猎过程可以持续几个小时,在多数情况下都能成功。由于猎物体形之大,虎鲸会剩下大量的肉,而不会吃得一干二净,这些残羹冷炙足以填饱多种动物的肚子。分布甚广的鸥属(Larus)海鸥是第一批享用虎鲸剩饭的食客,它们在空中观察,有时甚至在虎鲸离开之前就开始大快朵颐。血腥味在水中扩散后,短时间内就能够吸引鲨鱼等各种大小的鱼类。在几天内的时间里,多批食客来来去去,享用美味。海水可能会把动物尸体带向两个方向:要么沉入海洋深处,让几种"清道夫"鱼和软体动物享用;要么被冲到极地冰盖上,多种鲸类生活在该地区附近,使这种假设成为可能。如果后者成立的话,北极熊等陆生动物就能坐享其成。

寻找食物和庇护

在海洋中还存在着其他种类的共生关系,与上文不同的是,有些共生关系更难被观察到。海百合纲(Crinoidea)成体有柄,也就是说它们将自己固定在一个基质上,不再移动。尽管外观非常像植物,但它们实际上是动物。海百合的羽状分枝形似蕨叶的触手,里面藏着小虾,这些小虾与海百合颜色十分相似,二者几乎完美融合在一起。海百合以小型生物为食,如硅藻、单细胞藻类、无脊椎动物

幼虫和水中的有机悬浮物质，它用触手捕捉这些食物，然后将其引向口中。依附海百合生活的小虾利用了这一捕食特点，在不影响宿主的前提下，吃掉从海百合触角下侥幸逃脱的猎物。除此之外，海百合与小虾的颜色的相似性还给后者带来了一大优势，使其不容易被掠食者发现。大西洋鲷等鱼类会以海百合为食，但通常不会将海百合全部吞下，而只会吃掉它的几条触手，这些触手之后还能够再生。安波海百合虾（*Periclimenes amboinensis*）是长臂虾科（Palaemonidae）的十足类甲壳动物，是与海百合密切共生的虾类之一。

- 上图：一只海百合虾属（*Laomenes*）的虾正等着吃宿主剩下的食物，它伪装得非常好，几乎无法被肉眼发现。
- 右图：这只安波海百合虾（*Laomenes amboinensis*）有着相当绚丽的外壳，很好地伪装在它的宿主海百合之中。摄于印度尼西亚，北苏拉威西岛。

携运共生

携运共生是一种特殊的共生关系，共生体所求的不是食物，而是搭上几次省力的顺风车。

携运共生可能是偶然发生的，也可能是一种永久存在的关系，但无论如何，宿主都在其中充当了运输工具的作用，被运输者不会给宿主带来任何伤害，这一点是区分携运共生与寄生的关键因素。有时，作为回报，运输者也会得到好处，因此，从严格意义上讲，这种关系也不能单纯地定义为携运共生，而是兼具携运共生与彼此互利的互惠共生两种共生特点的关系。在海洋和陆地环境中，我们都能找到这种类型的共生关系，所涉及的对象体形各异，既有可能是鲸类这样的庞然大物，也可能是甲虫这样非常小的生物，但无论如何，它们都有可能充当其他动物的顺风车。

头顶上的顺风车

在动物王国中,短䲟鱼(Remora)在搭顺风车这件事上可谓是得心应手。短䲟鱼是䲟科(Echeneidae)的咸水鱼,在大洋中广泛分布,䲟鱼的头部进化出了独特的椭圆形结构,功能与吸盘类似。

䲟鱼体长从30厘米到110厘米不等,具体长度与物种有关,它们采取了一种特殊的出行策略,即依附在一些体形更大、游速更快的动物身上,让它们带着自己移动。澳洲短䲟(Remora australis)是唯一与露脊鲸、须鲸和抹香鲸形成共生关系的动物,经常能看到它们通过"吸盘"附着在上述水生哺乳动物的皮肤上。不过,这种结合不是永久性的,短䲟鱼能够通过收缩肌肉改变头部的椭圆形吸盘结构,从宿主身上脱离。

这时,短䲟鱼就可以自由地捕食小鱼,然后再接着搭乘鲸类动物的顺风车。还有一些䲟鱼喜欢依附在鲸鲨(Rhincodon typus)、

▶ 不知情的渔夫

海龟在一些地方有相当高的商业价值,但这种动物并不容易被捕捉。在印度洋和澳大利亚以北的水域,一些渔民已经学会了利用䲟鱼的强大吸力来捕捉海龟。人们会将鱼线绑在䲟鱼的尾巴上,将其圈养起来,在海龟出现时将䲟鱼放进大海中。当䲟鱼附着在海龟壳上时,便马上收线,一箭双雕。

■ 第362~363页图:这只年轻的抹香鲸(Physeter macrocephalus)身边陪伴着䲟鱼和舟䲟。摄于加勒比海,多米尼克岛。
■ 左图:一只绿海龟(Chelonia mydas)带着两个附着在其壳上的长䲟(Echeneis naucrates)。摄于马来西亚,马布岛。
■ 上图:从这张从上方拍摄的图片可以清晰地看到短䲟(Remora remora)吸盘的样子。摄于巴哈马群岛,比米尼岛。

绿海龟(Chelonia mydas),甚至是船只上。过去,人们认为䲟鱼以宿主吃剩的食物为食,但后来才发现这种情况并不普遍,通常只发生在它们与鲨鱼共生的时候。有时,作为搭顺风车的回报,䲟鱼会给运输者提供清洁服务,帮助它们清除皮肤和鱼鳃上一些恼人的体外寄生虫。

不速之客

除了䲟鱼以外,鲸类有时也会心不甘情不愿地载鲸藤壶属(Coronula)藤壶一程,这是一种特殊的甲壳类动物,属于蔓足纲(Cirripedia)下目。藤壶的胸肢被称作蔓足,曲卷呈蔓状,这个身体结构可以过滤水中的浮游生物和其他食物颗粒,并将它们送至口中。这种动物的外观非同寻常,让人很难将其与螃蟹和虾这种更为常见的甲壳类动物联系起来。事实上,藤壶的体外包裹着5块及以上的石灰质壳板,形成了一个平均高度为5~6厘

米的尖锥形结构——这一特点为它们赢得了"马牙"的绰号。

在座头鲸（*Megaptera novaeangliae*）庞大的身躯上经常可以看到多处奇怪的钙质结壳，这些结壳实际上就是藤壶。这些藤壶主要固定在露脊鲸、须鲸的头部和胸鳍的茧上。由于藤壶自身的移动能力非常有限，因此，附着在船的龙骨上或者其他生物身上对它们来说是个有利的办法，这使它们能够在大片海域中搜寻食物。

藤壶并不会给鲸类带来过多的影响，然而，当藤壶搭乘海龟这种体形较小的动物便车时就并非如此了。通常情况下，藤壶会成群结队地附着在同一宿主身上，数量过多时可能会严重阻碍海龟的活动，使得海龟无法有效获取食物，从而变得虚弱，严重威胁海龟的生存。此时，藤壶就变成了真正的寄生物，而不再是无辜的乘客。

- 左图：这只正面拍摄的大翅鲸（*Megaptera novaeangliae*）颚部附着着相当多的鲸藤壶属（*Coronula*）藤壶。摄于南太平洋，汤加王国，瓦瓦乌群岛。
- 上图：一种懒蛾科（*Cryptoses*）飞蛾藏在一只褐喉树懒（*Bradypus variegatus*）的皮毛里。摄于圭亚那。

一个极慢的运输工具

虽然听上去不可思议，但褐喉树懒也能够给其他动物提供搭便车的服务。这种哺乳动物因其迟钝的生活习惯而闻名，所以很难想象它们也是某些生物的出租车。有一种被称为树懒蛾（*Cryptoses choloepi*）的蛾子生活在褐喉树懒的皮毛中，被它带着四处移动。

褐喉树懒在中美洲和南美洲的森林中过着树栖生活。这种哺乳动物每隔7～10天才会下到地面上，挖一个洞，将粪便排泄在洞中，再将其掩埋。最新的研究证实，共生蛾会利用这个机会，把卵直接产在宿主的粪便上，利用粪便和土壤适宜的湿度和温度孵化蛾卵。

共生蛾的幼虫时期在地面上度过，在经历了最后一次蜕皮后，幼虫变为成蛾飞到树上寻找褐喉树懒共生。褐喉树懒的毛除了充当庇护所外，还能为它们提供食物——散布在毛皮上的藻类和褐喉树懒自身的分泌物。树懒蛾的排泄物可以作为藻类的肥料，除此之外，这些无脊椎动物的存在还会大大增加褐喉树懒皮毛中的氮含量，这对褐喉树懒来说是一件好事，因为它的皮毛会变得越来越绿，使它能够成功地伪装起来，躲避掠食者的攻击。此外，褐喉树懒主要以类脂含量相当低的树叶为食，每当褐喉树懒舔舐自己的皮毛时，都可以摄取一些含有丰富脂肪的藻类植物作为补充。

虽然褐喉树懒（*Bradypus variegatus*）的保护状况良好，但

人类活动导致的栖息地减少可能对褐喉树懒产生了严重的负面影响。

小个头的携运者

在无脊椎动物中也不乏携运共生的例子。大红葬甲身体呈橙色和黑色，不仅以动物的尸体为食，还会在上面产卵，然后再将尸体与卵一起埋起来。大红葬甲与巨螯螨（Macrocheles merderius）等某些蛛形纲下蜱螨目动物具有相同的食性。巨螯螨体形非常小，广泛分布在自然界之中，大红葬甲会将巨螯螨带到尸体上一同进食，两个物种之间似乎互不打扰，但最新的研究表明，实际情况并非如此。

事实上，巨螯螨也会在动物尸体上产卵，二者的幼虫都以动物尸体为食，因此必定会相互争斗。这还不是全部：当多种食腐甲虫盯上同一块腐肉时，竞争会变得相当激烈，为了争得食物，巨螯螨幼虫杀死大红葬甲幼虫的情况屡见不鲜。这样一来，二者之间的关系就从开始的

携运共生变成了影响大红葬甲繁殖的寄生。

- 左图：由于褐喉树懒身上附着着藻类植物，皮毛的颜色看起来发绿。
- 右图：一只大红葬甲（*Nicrophorus vespilloides*）在地上打滚，它身上附着的螨虫一览无余。摄于英国，赫特福德郡。

寄栖共生与后继共生

当一种动物接纳其他动物在自己的洞穴或巢中生活,这个行为既没有给自己带来好处的,也没有带来坏处时,这种情况就是寄栖共生。然而,还有一些动物会在其他动物死后,以"继承"的方式接管别人建造的家园。

一座树屋

寄栖共生最常发生在鸟类和不同种类的树木之间。鸟类与树木并不是室友,前者直接将后者改造为自己的家。啄木鸟科(Picidae)的鸟类有在树干上挖洞的习惯,啄木鸟科包括许多被统称为"啄木鸟"的鸟类,如黑啄木鸟(*Dryocopus martius*)和三趾啄木鸟(*Picoides tridactylus*),这两种啄木鸟都并非濒危物种。啄木鸟特别善于用喙在树干上啄出树洞,在森林中,人们经常听到它们哒哒哒敲击树干的声音。用这种方式,啄木鸟既可以建造居所,也能够与同伴交流,还能啄出一个树洞作为小小的食物储藏室。

在大多数情况下,这些活泼的

- 第370~371页，黑啄木鸟（Dryocopus martius）和其他在树干上挖巢的鸟类一道构成了一个典型的寄栖共生案例。摄于爱沙尼亚东部，塔尔图县。
- 左图，两只领角鸮（Otus lettia）在一棵枯树的树干上筑巢。摄于印度中央邦，坎哈老虎保护区。
- 上图，一只赤狐（Vulpes vulpes）和一只狗獾（Meles meles）共享一个巢穴。摄于德国，黑森林。

鸟类并不会对树木造成什么特别的影响，这也是因为啄木鸟会选择高大强壮，而不是弱不禁风的树木筑巢。有时啄木鸟更愿意去寻找已有树洞，这样它们就只需在原有树洞的基础上做一些小改动，省力许多。

除了啄木鸟外，还有一些其他鸟类有时也会采取这种"保守"策略。比如，西红角鸮（Otus scops）和灰林鸮（Strix aluco）这两种在夜间捕食的鸟类没有啄木鸟钻木的技能，因此，只能寻找已有的庇护所。如果找到的居所是其他动物废弃的巢穴，从鸟类与树木之间的关系出发，这种情况算是寄栖共生；从可能死亡的原始建造者与新居住者之间的关系出发，这种情况算是后继共生。

共享洞穴

对于所有动物来说，洞穴都是一个重要的地方，它既是躲避掠食者的避难所，也是它们安心抚养后代的育婴室。出于这个原因，大多数动物都不会轻易接受除家庭成员外的其他动物进入自己的洞穴。然而，在自然界中也存在着不少例外，不同的动物有时会在同一个洞穴生活。

例如，狗獾（Meles meles）为鼬科（Mustelidae）哺乳动物，这种动物会与赤狐（Vulpes vulpes）共享同一个洞穴，二者都不属于濒危物种。通常，狗獾会在地面上寻找天然洞穴，然后再挖掘一条5至10米长的隧道进行扩建，这条隧道通向约2米深的主室，主隧道两侧各有分支通向次级区域。除了几个獾家族外，洞穴中还生活着赤狐这样的其他物种。

实际上，这些不寻常的舍友倾向于忽略对方的存在，但有时这种关系也能给双方带来好处：狗獾会负责清洁洞穴，经常更换铺在地上的苔藓和枯叶；而赤狐有时会把猎物的尸体留在洞穴前，供其他动物食用。这种关系在很多方面都接近于彼此互利的互惠共生，但事情并不总是那么美好，尽管狗獾并不吃赤狐，但有时为了赶走赤狐，狗獾甚至不惜杀死赤狐幼崽。在某些罕见的情况下，这种暴躁的哺乳动物还会与穴兔（*Oryctolagus cuniculus*）和貉（*Nyctereutes procyonoides*）分享其居所，不过，这种同居关系往往很快就会结束，因为在大多数情况下，客人最终都会被狗獾粗暴地赶走。

非法住客

在美洲草原和沙漠等开阔的环境中，生活着一种习性相当不寻常的猫头鹰，即穴小鸮（*Athene cunicularia*）。与其他鸱鸮科（Strigidae）猛禽不同，该物种昼伏夜出，更多时间待在地面上，而不是在空中飞行寻找和捕食昆虫和小型啮齿动物。穴小鸮通常会在自己挖的地下通道内筑窝，不过比起亲力亲为，穴小鸮经常选择寻找一个现成的洞穴。

很多时候，被穴小鸮占据的洞穴原本属于草原犬鼠，这是一种中大型啮齿哺乳动物，体长通常为30~40厘米，它的名字中带有"犬"字，是因为它能够发出类似狗叫的声音，而不是因为它与犬类有亲缘关系。这些优雅的动物所挖就的洞穴中有8~10米长、2~3米深的隧道。洞穴中除了有多个与主隧道相连的房间外，还有许多与外界相通的入口。

草原犬鼠家族庞大，通常由1或2只雄性和2或3只雌性组成，除此之外，大家族中还会有新生儿和前几窝出生的雌性幼崽，雄性幼崽在达到性成熟后往往会离开，自立门户。当草原犬鼠的洞穴被穴小

上图：穴小鸮（Athene cunicularia）喜欢住在已经被其他动物挖好的洞穴中，这些动物在大多数情况下已经死亡了。摄于墨西哥西部，雷维亚希赫多群岛。

占据时，它们很可能已经死亡，也许是被其他掠食者杀死。如果一个原住户的家被另一个物种占据，而此时原住户已经死亡，这便是一个很好的后继共生的例子。除草原犬鼠外，穴小鸮还会"继承"犰狳和臭鼬等其他动物的洞穴。目前穴小鸮并没有灭绝的风险。

■ 上图：一只本哈德寄居蟹（Pagurus bernhardus）从螺壳中爬出，它曾选择这个壳作为自己的家。摄于英国，苏格兰。

■ 右图：每一次蜕皮，寄居蟹都会离开之前充当庇护所的旧壳，搬到一个更大的壳里。

继承来的外壳

最有名的后继共生动物当然是寄居蟹科（Paguridae）的寄居蟹（Pagurus）。在彼此互利的互惠共生一章中，我们就已经提到过这种无脊椎动物，它们有一个特点：腹部较为柔软，可弯曲，这使它们很容易受伤，因此，在进化的过程中，寄居蟹学会了在周围环境中寻找那些它们原本没有的东西，即保护性的外壳。在腹足纲（Gastropoda）软体动物死后，原本保护它们的壳失去了作用，会被寄居蟹"继承"并利用。本哈德寄居蟹（Pagurus bernhardus）是一种十足类甲壳动物，广泛分布在欧洲海岸的岩石缝隙和沙质海底，主要利用腹足类动物脐孔驼峰螺（Gibbula umbilicalis）、厚壳玉黍螺（Littorina littorea）、扁平玉黍螺（Littorina obtusata）和网状织纹螺（Nassarius reticulatus）的壳，这些螺壳不仅很容易找到，并且大小也合适。在成长过程中，寄居蟹需要多次换壳，直到最终长到3～4厘米的大小。

寄居蟹是一种杂食性动物，它们的食谱中甚至包括腐肉。当它们察觉到危险时，这种甲壳类动物会将自己锁在壳里，以期不被掠食者发现。■

感谢

（in alto: 上；in basso: 下；a sinistra: 左；a destra: 右；fronte: 封面；retro: 封底）

欺骗和伪装的艺术

图片来源
Nature Picture Library: Alex Hyde: 17; Alex Mustardt: 30, 32-33, 44-45, 56-57, 71; Andres M. Dominguez: 25; Andy Rouse: 36-37, 39; Andy Trowbridge: 42; Ann & Steve Toon: 10-11; ARCO: 74; Barry Mansell: 76 (in alto); Bernard Castelein: 50-51; Chien Lee/Minden: 24, 28; Chris Newbert/Minden: 52; Costantinos Petrinos: 31; Cyril Ruoso: 72-73; Daniel Heuclin: 62; David Fleetham: 14, 46-47; David Kjaer: 69; David Tipling: 35, 91; Doug Wechsler: 58, 79 (in basso); Emanuele Biggi: 15; Espen Bergersen: 53; Floris van Breugel: 78-79; Gabriel Rojo: 59; George Sanker: 18-19; GEWOGETTE DOUWMA: 70, 90; Ingo Arndt: 12, 27, 68; Jim Brandenburg: 84-85; John Cancalosi: 76 (in basso), 92; John Water: 82-83; Juan Carloz Munoz: 20-21; Klein & Hubert: 48; Konrad Whote/Minden: 43; Luiz Claudio Marigo: 75; Mark MacEwen: 43; Mark Moffett/Minden: 60; Markus Varesvuo: 86; Michel Durham: 67; Michel Poinsignon: 40-41; Oscar Dewhurst: 34; Pete Oxford: 54-55; Piotr Naskrecki/Minden: 77; Premaphotos: 16; Richard Du Toit/Minden: 38; Rod Williams: 22, 64-65; Stephen Dalton: 26, 66; Stephen David Miller: 80-81; Thoma Marent/Minden: 29, 61; Tim Fitzharris/Minden: 63; Visual Unlimited: 96-97; Mark Bowler: 88-89; Paul Harcourt Davies: 94-95; John Downwr Production: 98; Luois Quinta: 99; Kerstin Hinze: 100-101.
Copertina: Alex Hyde (fronte); Michael & Patricia Fogden (retro).

求爱仪式

图片来源
Nature Picture Library: Aflo: 121; Alex Mustard: 133; Andy Rouse: 102-103; Anup Shah: 192-193; Chien Lee/Minden: 122, 181; Claudio Contreras: 150; Daniel Heuclin: 189 (a destra, in basso); Danny Green: 163; David Pattyn: 1, 142-143; Fabio Liverani: 150(sotto); Fred Bavendam/Minden: 174-175, 176, 184; Gerry Ellis/Minden: 178; Guy Edwardes: 146-147; Ingo Arndt/Minden: 137; Jack Dykinga: 168-169; Jane Burton: 129 (a destra), 132, 189 (a destra, in alto); John Cancalosi: 148-149; Jose Luis Gomez de Francisco: 188-189; Juan Carlos Munoz: 158, 159, 190-191; Kim Taylor: 131 (a destra e a sinistra); Klein & Hubert: 144-145; Konrad Whote/Minden: 120; Lorraine Bennery: 180; Lou Coetzer: 170-171; Marc MacEwan: 107; Mark Moffett/Minden: 179; Mark Raycroft/Minden: 110-111; Markus Varesvuo: 156; Martin Willis/Minden: 161; Melvin Grey: 106; Micahel & Patricia Fogden/Minden: 140-141; Michael Pitts: 128-129; Murray Cooper/Minden: 138-139; Nature Production: 124-125, 126 (a sinistra), 126-127; Nick Gordon: 140 (a sinistra); Nick Upton: 177; Norbert Wu/Minden: 152 (a sinistra), 184-185, 186; Oryol Alamany: 130; Pedro Narra: 166-167; Phil Savoie: 183; Roger Powell: 104; Sergey Gorshkov: 157; Stefan Christmann: 114-115; Stephen Dalton: 172-173; Steven David Miller: 136; Sylvain Cordier: 134-135; Theo Allofs/Minden: 154-155; Thomas Marent/Minden: 108-109; Tim Laman/Nat Geo Image Collection: 160, 162; Tim MacMillan/John Downer Pr: 187; Tony Wu: 118-119, 164-165; Tuy De Roy: 112-113, 116-117, 152-153; Visuals Unlimited: 123; Wild Wonders of Europe/Hamblin: 166 (a sinistra); Willi Rofles/BIA/Minden: 110 (a sinistra); Yashpal Rathore: 151
Copertina: Danny Green (fronte); Yashpal Rathore (retro).
Risguardo apertura: Shutterstock/Red Squirrel; risguardo chiusura: Shutterstock/Paolo Manzi

旅途中的动物：大迁徙

图片来源

Nature Picture Library: Augustin Esmoris/Minden: 281; Charlie Summers: 224-225; Claudio Contreras: 201; Constantinos Petrinos: 262-263; Cyril Ruoso: 226-227, 227 (a destra), 228-229, 238-239; David Tipling: 246-247; Denis Hout/Minden: 204-205, 208-209, 210, 213 (a destra), 214-215, 235; Dietmar Nill: 242; Doug Perrine: 258-259; Duncan Usher/Minden: 230-231; Edwin Giesbers: 240-241; Franco Banfi: 266-267; Fred Bavendam/Minden: 264-265; Gabriel Rojo:194-195, 282-283; Gerry Ellis/Minden: 218-219; Hiroya Minakuchi/Minden: 276-277, 284-285; Ingo Arndt: 222, 223, 250-251, 251 (a destra), 254-255; Jack Dykinga: 253; Jim Brandenburg/Minden: 252; Jose Luis Gomez de Francisco: 237; Juergen Freund: 220-221; Karine Aigner: 202-203, 243, 244-245; Kim Taylor: 241 (a destra); Laurent Geslin: 216-217; Lenaic and Jocelyn Blériot: 265; Michel Roggo: 272-273; Mitsuaki Iwago/Minden: 280; Nick Hawkins: 268-269, 278-279; Nick Upton: 236, 270; Patricio Robles Gil/Minden: 196; Pete Oxford/Minden: 198-199, 260-261; Peter Blackwell: 211; Sinclair Stammers: 271; Staffan Widstrand: 232-233; Stephen Belcher/Minden: 200; Suzi Eszterhas/Minden: 212-213; Sylvain Cordier: 248-249, 256-257; Thomas Marent/Minden: 254 (a sinistra); Wild Wonders of Europe/Lundgren: 275; Wild Wonders of Europe/Widstrand: 234; Yva Momatiuk & John Eastcott: 206-207, 274.Copertina: Gerry Ellis/Minden. Risguardo apertura: Shutterstock/slowmotiongli; risguardo chiusura: Shutterstock/Nick Pecker

团结就是力量：共生

图片来源

Nature Picture Library: Adrian Davies: 324-325; Alex Hyde: 318-319, 376; Alex Mustard: 310 (a sinistra), 347, 365 (a destra); Andy Sands: 369 (a destra); Anup Shah: 288; Christoph Becker: 330-331; Christophe Courteau: 345 (a destra); Claudio Contreras: 374-375; Costantinos Petrinos: 361; David Fleetham: 306; David Hall: 286-287, 350-351; Denis-Huot: 356-357; Dietmar Nill: 1293(a destra); Doug Perrine: 304-305; Gabriel Rojo: 358-359; Gary Bell/Oceanwide/Minden: 292-293, 307, 346; Gary K. Smith: 331 (a destra); Georgette Douwma: 364-365; Ingo Arndt/Minden: 327; Jane Burton: 376-377; John Cancalosi: 336-337, 342-343; Jurgen & Christine Sohns/Minden: 302; Jurgen Freund: 332-333, 360; Kim Taylor: 326, 328, 341 (a destra); Klaus Echle: 373; Klein & Hubert: 303; Mark Moffett/Minden: 320, 340-341; Nick Gordon: 339; Nick Hawkins: 344-345; Norbert Wu/Minden: 348-349; Pal Hermansen: 294; Patricio Robles Gil/Minden: 354-355; Paul Bertner/Minden: 336 (a sinistra); Pete Oxford/Minden: 295, 314-315, 317, 357 (a destra); Phil Savoie: 290-291, 298-299; Piotr Naskrecki/Minden: 321, 338, 367; Richard Du Toit: 312-313; Roberto Rinaldi: 308-309; Sandesh Kadur: 372; Staffan Widstrand: 300-301; Stephen Dalton: 329, 334-335; Steven Kazlowski: 352-353; Sue Daly: 310-311, 322-323; Sven Zacek: 370-371; Tony Heald: 296-297; Tony Wu: 362-363, 366;Tui De Roy: 316; Visuals Unlimited: 368-369.
Copertina: Heini Wehrle (fronte); Nick Upton (retro).
Risguardo apertura: Shutterstock/Roman Vintonyak; risguardo chiusura: Shutterstock/Oohwhoa.

WS White Star Publishers® is a registered trademark property of White Star s.r.l.
2020 White Star s.r.l. Piazzale Luigi Cadorna, 620123 Milan, Italy

NATIONAL GEOGRAPHIC and Yellow Border Design are trademarks of the National Geographic Society, used under license.

本书中文简体版专有出版权由上海懿海文化传播中心授予电子工业出版社，未经许可，不得以任何方式复制或抄袭本书的任何部分。

版权贸易合同登记号　　图字：01-2024-2484

图书在版编目（CIP）数据

美国国家地理. 生命之色 / 意大利白星出版公司著；文铮等译. --北京：电子工业出版社，2024.6
ISBN 978-7-121-47915-1

Ⅰ.①美… Ⅱ.①意… ②文… Ⅲ.①自然科学－少儿读物 ②动物－少儿读物 Ⅳ.①N49 ②Q95-49

中国国家版本馆CIP数据核字（2024）第102117号

责任编辑：高　爽
特约策划：上海懿海文化传播中心
印　　刷：当纳利（广东）印务有限公司
装　　订：当纳利（广东）印务有限公司
出版发行：电子工业出版社
　　　　　北京市海淀区万寿路173信箱　邮编：100036
开　　本：889×1194　1/16　印张：24.25　字数：765千字
版　　次：2024年6月第1版
印　　次：2024年6月第1次印刷
定　　价：158.00元

凡所购买电子工业出版社图书有缺损问题，请向购买书店调换。若书店售缺，请与本社发行部联系，联系及邮购电话：（010）88254888，88258888。
质量投诉请发邮件至zlts@phei.com.cn，盗版侵权举报请发邮件至dbqq@phei.com.cn。
本书咨询联系方式：（010）88254161转1952，gaoshuang@phei.com.cn。

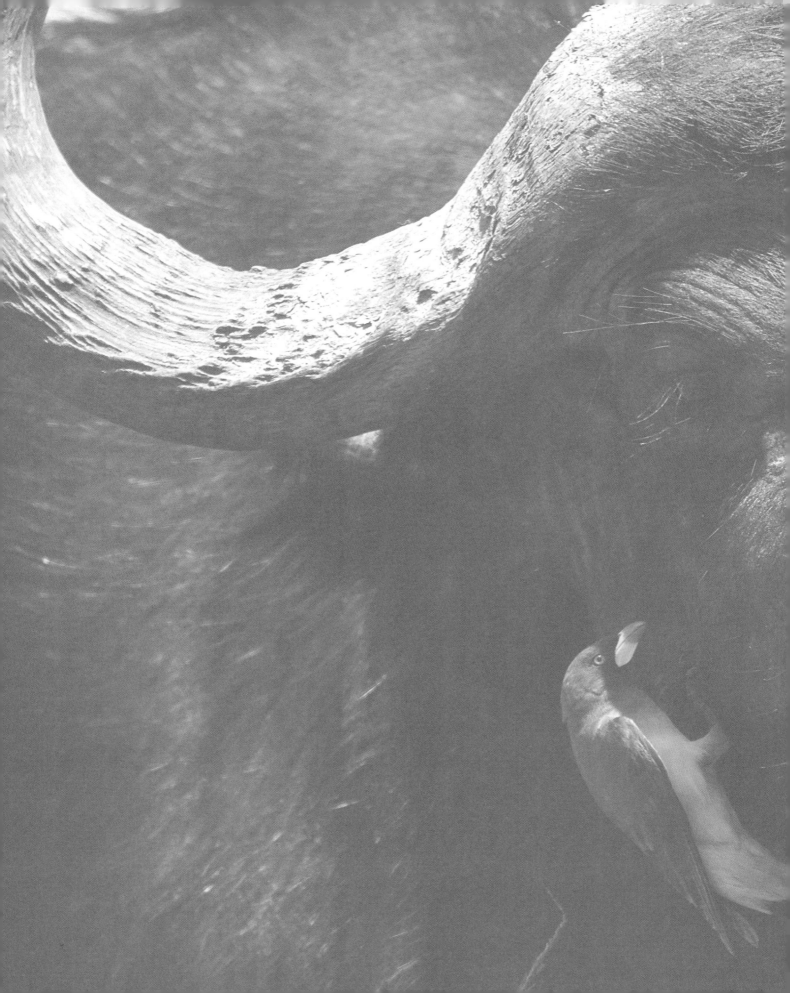